U0107396

Staread
星文文化

为什么我们相信阴谋论

[西班牙]
拉蒙·诺格拉斯
著

王琪
译

江苏凤凰文艺出版社
JIANGSU PHOENIX LITERATURE AND ART PUBLISHING

我的女王们——维多利亚、莫妮卡和瓦莱里娅，

我谨以全部的爱，将这本书献给你们，

作为愿为你们倾尽余生的宣言。

我爱你们，并感谢你们在我写书时给予了耐心、友爱和支持。

这一切都是为了你们。

献给我的母亲和父亲，

他们过去总是支持我进行各种尝试，并为我感到骄傲。

多希望您能读到这些啊，爸爸。

也希望您能喜欢，妈妈。

目录 Contents

前言

有人相信：过去吃得更好，骨头疼说明要下雨了，灵媒和占卜都是真的；有人对女孩和她的狗“瑞奇”的视频津津乐道；有人不给孩子打疫苗，认为这会导致自闭症；有人对无线网络神经过敏；有人告诉你，他们国家的移民率高达20%；有人认为携带某样东西可以交好运；有些男人声称自己能比女人看到更多的颜色；有人相信命中注定，觉得百万光年以外的星星和星系的运动会对他的日常生活和命运造成影响。更有甚者，他们确信在充分的证据面前自己是能够改变主意的。

但是，当你要求他们提供可靠的数据和文献支撑时，他们拿不出来。那些证据像雨中的泪水一样消失得无影无踪。事实上，人们（也包括我）会相信很多无稽之谈。在多数问题上，我们都是个人偏见和无知的受害者，也是他人意志的受害者，还会受到媒体导向和阴谋论的影响。由于没有时间核实所有阅览到的信息，我们会轻信社交网络上的谣言，在沦为受害者的同时，扮演着刽子手和法官的角色。我们有错，错在无知和个人偏见；错在包藏祸心，曲解部分媒体言论并煽风点火，时常故意传播虚假信息；

还错在不经核实就传播谣言。重要的是，我们要看到错误，也要认识到问题所在。如果你还做不到，那就翻开这本书吧，它会教你如何去做。

到目前为止，我相信过很多谎言和无稽之谈。以前的我认为，倒吊可以长个子；只要我许愿时足够虔诚，三王[①]就会送给我一个价值超过父母工资好几倍的长号；如果我在空中使劲划拨双脚，就能飞起来；深山里的女游医会魔法。我甚至还相信，一个求生欲极其强烈的人，不会死于转移癌或其他任何疾病。

多年以来，我进行了学习、阅读和验证。我不再信仰上帝，也没有成为牧师。我自然生长到了 173 厘米；父母送给我一只普通长号，我吹了它将近十年的时间；我“飞行时”摔到了下颌骨，过了很久才痊愈；我终于明白女游医只是精通百草之术；以及，我的母亲最终还是去世了。

学习能让人少受谎言的负面影响，并减轻人迷信的程度（至少让你在保持信念的时候不再完全无知）。由于我们没有时间去阅读所有书籍，看所有电影和学习所有专业，我们不得不求助于一些有趣的科普通识文献，比如这本书。要知道，了解最新的科学成果是被《世界人权宣言》第二十七条保障的权利：“所有人都有权利自由参与社群文化生活，欣赏艺术，体验科学发展及其

①西班牙的三王节（每年 1 月 6 日，相当于儿童节）向圣婴耶稣献礼的东方三王。节日前孩子将自己的心愿写在信纸上，寄给三王。三王会在 1 月 5 日的晚上悄悄来到每个小朋友的家中，把礼物放在圣诞树下面。——译者注

带来的好处。”

《经济、社会及文化权利国际公约》第十五条中也有类似表述：“所有成员国……承认全人类享受科学进步及其应用带来的好处的权利……应当在科学和文化的保存、发展和传播方面采取必要的措施。”1978 年西班牙宪法第四十四条也承认：“公共权力促进、保护公民获取文化资源权力……推动对社会普遍有益的科学和技术研究。”

多年以来，我一直在套用布努埃尔①（Buñuel）的这句话：“缺乏想象的现实只是一半现实。”我认为，缺乏普及的科学只是一半科学。科学研究分为很多步骤：阅读已有成果并思考、提出假设、设计实验证明假设、寻找经费、聘请必要人员、进行实验、收集数据、分析、对比假设、撰写并传播成果。就最后“传播成果”这一步，某些人认为，仅撰写一篇学术论文（付费出版和付费阅读）并在专业学术会议上发表就可以了，因为这些能为简历加分，这也是普遍和传统意义上的做法。有时他们做事仅凭惯性驱使，就像本书开篇就提到的那些人。然而，包括我在内的很多人认为，如果到此为止的话，科研的流程是不完整的。我们应该让成果走上大街，与社会交流，（依照法律规定）给有权认识和体验科学成果但缺乏了解途径的人进行翻译和解释。此外，国家的大部分

①路易斯·布努埃尔·波尔托莱斯（Luis Buñuel Portolés，1900-1983），西班牙电影导演、剧作家、制片人，代表作有《一条安达鲁狗》《白日美人》《资产阶级的审慎魅力》。——译者注

科研都有公共经费资助。科学普及就是在短期内向社会反馈一些中长期的科研成果——知识。

2018年年中，一个寻常的下午，我与亲爱的埃米利奥·加西亚（Emilio García）共同办公，我在视频网站上看到的一个心理学方面的谈话，令我们在一个半小时内狂笑不止。没错，我们一边工作一边浏览视频，因为科普有时就是这样发生的。其他时候，为了办个座谈会，我们得阅读上百页书籍和几十篇文章。

那个谈话视频的标题是《伴侣为什么会分开？》（*¿Por qué fracasan las parejas?*）。主讲先生拉蒙·诺格拉斯（Ramón Nogueras）戴着眼镜，蓄着胡须，手里拿着啤酒，操着纯正的格拉纳达[1]口音解释着伴侣间的底层行为逻辑以及分手的各种原因，嘴里时不时蹦出脏话。表面上听起来他好像在抱怨自己的老婆，实际上他在试图向问题情侣或夫妻传达，他们的经历都是正常的，只要他们愿意，都有解决的办法。

看完主讲的谈话视频像是接受了一场治疗。他运用各种幽默、粗话和咒骂等厘清了深奥的概念，影响了很多人的日常生活。你很难对拉蒙富有激情且条理清晰的演说无动于衷。要完全理解他描述中出现的大量现象或人物，你大约需要花几周的时间查阅文献。

在此，希望我对拉蒙·诺格拉斯这本著作的推荐有助于普及

①西班牙南部安达卢西亚省省会，著名的阿尔罕布拉宫坐落于斯。

各项学科知识，尤其是在科学领域。

奥斯卡·韦尔塔斯－罗萨莱斯（Óscar Huertas-Rosales）
生物化学学士和微生物学博士
拉尼亚基（LANIAKEA）管理和通信公司宣传和首席执行官

第一章

我们是理性动物

我们是理性动物
是酒桌上的吹嘘者
你别跟我们说这样不好
因为我们知道自己的短处
让我们去桂河、鸟蛤
去帕伦西亚人[①]
勇敢面对不幸
我们是谁？我们来自哪里？
酒杯干涸后我们要去往何方？

——浩劫乐队（Siniestro Total）
《我们是场浩劫》（*Somos Siniestro Total*）

---

① "桂河""鸟蛤"和"帕伦西亚人"都是酒馆的名字。——译者注

瑞奇·马丁（Ricky Martin）和吃巧克力酱的狗

二十几年前，当我还在攻读心理学的时候，当时一档很有名的真人秀节目传出一个相当奇葩的故事。这档名为《惊喜，惊喜》（*Sorpresa, sorpresa*）的节目播出了很多季，堪称真人秀节目的标杆，由乔治·阿雷苏（Giorgio Aresu）担任导演，伊莎贝尔·杰米奥（Isabel Gemio）和孔查·贝拉斯科（Concha Velasco）担任主持。前者是煽情真人秀的先行者，和其他人相比，她制造的泪点通常是积极向上的，并无恶搞之嫌；后者则是当时的节目指导。

故事背景是这样的：这档真人秀一般通过安排参加者与偶像见面，或者与失散多年的家人重逢等制造惊喜。多数情况下，见面是正能量的、美好的，即使催泪，也是让人流下喜悦的泪水。这次的情况是，一位马拉加[1]女孩获得了与偶像瑞奇·马丁见面的机会。节目组准备事先把瑞奇·马丁带到女孩家，等她回家后给她一个巨大的惊喜。为了最大化呈现节目效果，瑞奇·马丁会拿着摄像机，躲在她房间的柜子里，等她从弥撒[2]、学校或其他地方（地点随故事版本发生变化）回家后，出来吓她一跳。

①马拉加（Málaga），西班牙南部沿海城市。——译者注

②弥撒：天主教的仪式。——译者注

然而，事情发生了意想不到的转折：女孩回家以后拿起一罐巧克力酱（还有说法是果酱或者肉酱，物品会随讲故事的人发生变化），躺在床上，把酱仔细地涂抹在胯下，然后叫狗（一叫"瑞奇"它就过去了）过去舔干净。当时，瑞奇·马丁或许恰巧从柜子里出来，或许仍躲在柜子里目睹了那一幕。总之，他震惊之余，用摄像机对女孩和狗进行了全国转播。据说，那是第一次有国家电视台在黄金时段播放这种画面。

但是，这一切从未真实发生过。没有女孩，没有狗，没有果酱，没有肉酱，没有巧克力酱。当然，也没有瑞奇·马丁躲在柜子里。该谣言大约始于一档名为《随便聊聊》（*Hablar por hablar*）的广播节目。曾有一名听众打电话到节目求证，这个他听过好几个版本的故事是不是真的。显然从那时起，故事也吸引了其他媒体的注意，并得到广泛传播，甚至"扬名海外"，至今仍不时被提起。当时不少人对它深信不疑，这简直荒谬极了。

全世界都在热议这个故事。我不止遇到一个人，而是遇到好几个人，他们不仅说那个视频是真的，而且还发誓或者玩笑般赌咒地说自己亲眼看到了。他们始终不肯承认自己的错误。瑞奇·马丁的经纪团队澄清说，这位歌手近几个月都没有去过西班牙。主持人孔查·贝拉斯科表示女孩、狗等剧情都是胡扯。当时天线 3 台（Antena 3）主席为了证明确无此事，承诺奖励任何能提供视频证据的人。

一旦我们开始相信谣言，事态就会失控。一个名为"普罗得尼（Prodeni）”的未成年人权益保护组织，在没有任何证据的情况下，起诉了西班牙知名的天线3台。当然，此诉讼不了了之，因为那个未成年人权益保护组织无法证明事件确实发生过。

如今，围绕瑞奇和女孩的故事仍存在争议。2015年，孔查·贝拉斯科不得不在电视中再次澄清，所谓歌手躲在衣柜里看狗舔人生殖器的事情是子虚乌有。

在这个趣闻中，唯一幸运的是，没有人真的因为公众臆测受到伤害。但是我们对谣言、谎言等假消息的轻信，的确会造成确实且有害的影响。如今，社交媒体和网络的普及，令信息的传播速度得以空前提高，由此引发的后果往往格外严重。

我们都错了吗

当然，上述的例子比较极端。对很多人而言，这不过是一档无关紧要的电视节目中的玩笑。但是，存在太多实例说明，借助社交网络传播的危险谣言会加剧冲突，甚至酝酿出更深层次的迫害。这些事件的共同点在于，无论那个观点是无害的还是有害的，人们都选择了相信。为什么会这样？接下来我们会了解一个令人悲伤的事实：我们在日常生活中是无知的，对世界的所有看法几乎都是错的，这才让这些假消息有机可乘。

不久前，英国学者鲍比·达菲（Bobby Duffy）出版了《认知危险：为什么我们的观点几乎都是错的》（*The Perils of Perception: Why We're Wrong About Nearly Everything*）。书中提到，原则上我们喜欢乐观主义，但同时又认为乐观的心态是有害的。市场研究公司益普索莫里（Ipsos MORI）进行了一项大型民意调查，试图测试社会对各种问题的看法。达菲在书中展示了该公司的研究结果：我们对周围世界的认知总是很不准确，存在巨大的偏差。比如，世界各国的大多数公民认为本国移民率在28%上下，但实际上只有12%；人们在已知失业率数据的情况下，仍然认为真实的失业率远高于统计数据；大众普遍认为年轻人每个月有二十次性生活，而实际上人均只有五次……我们的认知是有偏差的。

人类理性神话

我们轻信谣言这一点至少能够说明：我们自以为是理性机器，但事实并非如此。

确切来说，“人类是理性的”不是一个新概念，它可以追溯到新古典主义经济的基础——“经济人假设”，即人类是理性的决策者，利用已知信息进行选择，谋求利益最大化。好几位经济学家以这个概念为基础建立了数学模型。莱昂内尔·罗宾斯（Lionel Robbins）的理性选择理论是20世纪至关重要的理论之一，尤其是在微观经济学领域。

然而，不用深入研究这些经济学观点也能觉察出其中的问题。一般来说，模型总是不符合现实，预测也不准确，事情的发展总是出人意料。1998年诺贝尔经济学奖得主阿马蒂亚·森（Amartya Sen）在《理性的傻瓜：对经济理论行为基础的批判》[1]中已经批判过“经济人假设”。他表示这一观点只能适用于“社会白痴，无情感的弱智，虚构出来的且没有道德、尊严、追求和信誉的存在”。因为在现实中，我们经常做出非理性的决定，我们被荒谬的、与理性和数据毫不沾边的各种观点所影响。更夸张的是，我们做决定时可能都不清楚自己在想什么。

经济政策的制定时常基于一系列以各种愚蠢假设为前提建立的模型。如今，经济学研究领域的风向转变，行为经济学兴起，但它研究的不过是心理学家自20世纪30年代起就在研究的内容，并没有什么新发现。举个例子，理查德·泰勒（Richard Thaler）因《助推》（*Nudge*）一书中总结的研究成果，获得了2018年诺贝尔经济学奖，其成果可以概括为："一位经济学家发现了斯金纳（Skinner）在近一个世纪前已经阐释过的操作性条件反射。"这可真是个大新闻。

2002年，心理学得到了重要发展。心理学家丹尼尔·卡尼曼（Daniel Kahneman）与弗农·史密斯（Vernon Smith）共同获得了诺贝尔经济学奖，卡尼曼的获奖成果是一个二元系统思考和决策模型，该模型的建立基于他过去几十年与已逝的阿莫斯·特沃斯基（Amos Tversky）合作完成的人类行为研究成果。

卡尼曼在其堪称伟大的著作《思考，快与慢》[2]中对该模型的两套系统作出了描述。系统一是我们最常使用的以一系列启发式为指导，帮助人们快速得出结论的法则和捷径，其过程极短，几乎能让人不假思索就得出结论。系统二是相反的，它的模型是慢速的，更加严谨，允许决策人权衡不同要素，加以反思，最终达成结论。系统二比系统一的过程慢很多，所以人们在日常生活中更常使用系统一。事实上，由于系统一追求速度，其得出的结论仅基于我们掌握的即时证据，会增加我们犯错的风险。

尽管卡尼曼在书中描写的某些现象因为不可复制（比如社会

"促发"①），近来正在遭受质疑。但是卡尼曼和特沃斯基的中心观点有着坚实的证据支持：人类不是理性的。我们做决定并非依靠仔细衡量、评估可用信息、均衡考量所有因素，而是经常凭借直觉和冲动，而且此前掌握的信息不仅不完整，而且经常充斥着个人和先入为主的偏见。

在我们理解和认识世界时，身份和情感发挥着很重要的作用。如果我们阅读了前文提到的达菲的书，就会发现很多事实。比如，如果我们在美国采访当地民众对枪支造成的高死亡率的看法，答案的差异取决于你采访的人是民主党支持者还是共和党支持者。80% 的民主党支持者认为枪支造成的死亡人数高于冷兵器或其他形式的暴力，与事实一致。27% 的共和党支持者持相同观点。对他们而言，持有和携带枪支是一个重要的党派理念，因此不应该成为导致高死亡率的原因。他们会认为"那只是民主派和自由派的借口，目的是夺走他们的权力和自由"等。

此外，还有一个事实，一旦我们形成了某种观念就将很难改变，无论他人向我们展示了怎样的证据。只要我们相信了一个谣言，那么无论如何都会相信下去。它对我们的情感、身份、形象

---

①社会"促发"（priming）是指微妙的刺激能在不知不觉中对人类行为产生巨大影响。一个典型的例子是，学生在描述完老师的形象后会在常识考试中表现得更好。我们认为，想象老师的形象会使你在与之相关的任务中表现得更好，因为它使你"重视"任务或"有所准备"。另一个有名的例子是，人们在看到老年人行走不便的视频后会放慢步行速度。不幸的是，由于这些实验都没有被成功复制，所以有人质疑社会"促发"的概念。卡尼曼本人也承认实验证据不够充分。可见没有人能免于认知偏差。

影响越大，我们越坚信不疑。一个例子就是残酷的、灾难性的“英国脱欧”事件，达菲也密切关注过这个问题。

支持脱欧的人不厌其烦地重复宣传某些数据。其中最引人注目的是，英国每周向欧盟支付 3.5 亿英镑（用途不明确）。一旦英国脱欧，这笔钱就会用于完善英国的公共卫生系统（NHS）。

这个数据是假的。有人直接或间接地说明为什么数据不是真的，不仅欧盟出面辟谣了，而且保守党也承认其虚假性……即便如此，三分之二支持脱欧的英国人依然认为英国支付 3.5 亿英镑是事实，同时有五分之一的反对者也这么认为。即使是反对者也很难完全打消疑虑。下面我们将解释其背后的原理。

整体视角的缺失和传播效应

我们对事物发生原因的分析往往是片面的。有些时候我们一味地责怪自己"是我们的大脑欺骗了我们"（这就是所谓的合成谬误①），或者简单粗暴地从启发式认知偏差②列表中找到对应项，不论语境究竟为何。

另一方面，我们有时候会归咎于周围环境，比如唐纳德·特朗普（Donald Trump）指责媒体报道假新闻，我们认为问题仅仅出自纸媒或社交网络，是它们向我们传播有偏见的信息，好像我们自己对信息的处理与此无关，或者无足轻重。但实际上，是我们自己经常主动寻找和自己观点相符的媒体和信息。

这反应了一种倾向：为任何一个复杂问题寻找一个简单、唯一的解释，它可以来自社会、来自纸媒、来自网络……我们愿意相信事情背后的原因是唯一的，这样就能找到一个简单的解决方法和一个明确的问责对象。但事实并非如此。世界是复杂的，人

---

①合成谬误在心理学上指以部分正确代指整体正确。当我们说"大脑思考、感知、产生欲望、欺骗我们"时，我们忽视了完成这些事情的是有机整体。彼得·哈克（Peter Hacker）和麦克斯韦·贝内特（Maxwell Bennett）在《神经科学的哲学基础》[3]中定义了这个概念。该书指出，这种对大脑的认知与过去为用灵魂和精神指代整体无异，在科学上是不准确的，好比鹰实际上是借助翅膀飞翔，而不是翅膀自己飞翔。只进行大脑层面的研究往往会增加理解行为的难度，促使大脑和行为研究向还原主义发展。

②启发式认知偏差：指在决策过程中，人们倾向于根据已有的经验或知识做出决策。主要包括代表性偏差、可得性偏差、锚定效应。

类行为也是。为了明白为什么我们相信阴谋论、伪科学和谣言，我们要学会从自身和外界寻找原因。

人类的确是不理性的，倾向于带着偏见处理和记忆信息。另一方面，社会上很多主体（公众人物、媒体、公司）都有自己的目的，他们利用偏见限制公众的认知。这形成了一个反馈环。比如，政客用生动的故事强化我们对某件事的刻板印象，从而达到他们想要的效果。因为他们知道故事的影响力远远高于统计数据。由于这种行为带来了更高的关注和更好的选举结果，则该行为得到强化（多国均有实例证明这类规劝方法的有效性），因此他们怎么会愿意放弃讲故事呢？但这不仅仅出于政治策略，还因为他们和我们一样存在认知偏差。他们也是人，和我们一样有利己倾向，仅此而已。

顺着这种思维，我们就能更好地理解为什么人们相信谣言；为什么谣言如此顽固，无法击破；为什么人们依旧相信政治谣言、魔法或超自然现象；为什么谣言的制造不受文化、国家、科技水平、经济发展或其他条件限制。相信谣言是基于人性的、普遍的事实，这是我们根深蒂固的弱点。它并非新事物，也不是社交网络和智能手机发明后诞生的“后真相”，它一直存在。

鲍比·达菲的研究[4]表明，很多人的错误认知产生已久。这证明了互联网产品（如社交网络）并没有增加我们的偏见……虽然它们也没有向我们传递更有效的信息。比如，即使有超过十五年的移民研究数据作为参考，美国人、英国人等依然认为本国实际存在的移民数量是统计结果的两倍。

尽管人类自诞生以来就相信谣言，但是我们不能错误地认为，科技进步或互联网文化的扩张没有带来不良后果。

现实中存在一些缺乏职业道德的传统媒体，读者无从分辨它们的最新报道是否足够真实可靠。鉴于如今假消息的传播速度大幅提升，如果传统媒体（或者它们中的一部分）、社交网络、即时消息系统成为传播和维护谣言的主力军，我们怎么可能不会被迷惑呢？

也许我们会感到无所适从，因为最近一段时间网络环境的表现而情绪低落。但在这里我必须强调几个我们目前遇到的问题：

首先，这个过程刚刚开始。人工智能每天都可以把同一个信息转换成十万多种形态，鉴于其传播性并考虑到信息滥用，我们不知道未来这些新媒体传播的内容会不会更具煽动性和欺骗性。

其次，有些谣言会对公共健康造成严重影响。一个（在整个西方）十分令人担忧的例子是，已经获得免疫的传染性疾病（有时候是潜在的、致命性的），在反疫苗运动的阴影下可能会卷土重来。因为很多人出于个人偏见迷信民间疗法，放弃科学的医疗手段。为什么？因为我们倾向于相信集体经验。关于这个，之后我会详细解释。

最后，已经有证据表明，政治正在逐渐极端化，我们正在分化成一个个意见愈发难以调和的“部落”。根据皮尤研究中心 [5] 的调查，1994 年到 2017 年间，民主党和共和党之间的分歧加剧，差距已经从十七个百分点上升到三十六个百分点，已然翻倍。之前两党还能求同存异，有达成协议的空间，现在则犹如两个完全对立的部落。

面对这些危险，我们必须理解为什么自己会相信谣言，理解该现象产生的原因和方式，以及为什么自己难以保持理性。出于这个目的，我致力于科普工作，并撰写了这本书。

这本书诞生于一个美妙的偶然事件。2011 年 6 月，我第一次做科普演讲，是在怀疑论者俱乐部（Escépticos en el Pub）的聚会上，当时我阐释的是为什么人们相信超自然现象[①]。近十年后，随着演讲经验的丰富，我完成了一本相同主题的书。这本书的出版要感谢凯拉斯（Kailas）出版社的伊尼戈·吉尔（Íñigo Gil）。他看了我 2018 年在《解析科学 5》（*Desgranando Ciencia 5*）栏目上发布的名为《为什么我们相信阴谋论》（*Por qué creemos en mierdas*）的内容，觉得这会是个有趣的话题。最初，我通过解释为什么人们会相信谣言开始了我的科普生涯，而如今，我把相关的经历和观点写成书，为上一阶段画上句号。你们难道不认为这是个美妙的事件吗？

尽管了解相关知识并不一定能让我们对谣言免疫（甚至，丹尼尔·卡尼曼认为，大多数情况下这只能让我们更好地辨识别人的状态，误认为自己能够置身事外），但是能提高我们的辨别能力，

---

①演讲题目叫《超自然现象》（*Una charla llamada Paranormalidad*）。

能让我们意识到什么时候受到自我偏差和愿望的操控，什么时候受到别人欺骗。

这将是一场有趣的旅行，让我们上路吧。

参考文献

[1] SEN A. Development as freedom[M]. New York：Anchor Books，2000.

[2] KAHNEMAN D. Pensar rápido，pensar despacio[M]. Barcelona：Debolsillo，2015.

[3] BENNETT M R，HACKER P M S. Philosophical foundations of neuroscience[M]. Oxford：Blackwell Publishers，2003.

[4] DUFFY B. The perils of perception：why we’re wrong about nearly everything[M]. London：Atlantic Books，2018.

[5]Pew Research Center. The partisan divide on political values grows even wider[EB/OL].[2017-10-05].

第二章

我信故它在

我想，世界上最慈悲的事物，便是无法将所有事物联想在一起的人心。我们居住在无垠黑海中一座平静又无知的小岛上，不该远离家园。科学中往不同方向发展的领域，到目前为止只对我们造成微小的伤害；但有朝一日，当这些毫不相关的知识被拼凑在一起时，便会展现现实中的骇人光景，以及我们在其中的恐怖处境；我们不是因此发疯，就是逃离光明，躲入祥和又安全的新黑暗世纪中。

——《克苏鲁的呼唤》[1]，H.P. 洛夫克拉夫特（乐观主义者和嬉皮笑脸的人[2]）

---

①译文引自《克苏鲁的呼唤》（*The Call of Cthulhu*），2020 年出版，作者是 H.P. 洛夫克拉夫特（Howard Phillips Lovecraft），堡垒文化出版，译者李函。——译者注

②该内容为作者对洛夫克拉夫特的个人评价。

有一个念头纠缠了我很久：即使知道面前什么东西也没有，大脑也没有出现幻觉的情况下，我们依旧相信，自己能看见不存在的东西。与之相对的是，我们对眼皮底下的事物熟视无睹。这一章我们就来讨论这个问题。

举一个多数人有同感的典型案例：当你抬头看天空中的一朵云时，会发现云的形状像一艘船、一条狗等。人们都经历过类似的瞬间，这没什么好稀奇的，但或许你们想听一个更加私人的趣事。

我父母的浴室墙面的下半部分贴了一种玫瑰色大理石砖，砖上有天然纹理。每当我在马桶上静坐思考时，我发现大理石砖的纹路仿佛能勾勒出一位先生的脸，他留着立髭和山羊胡，神似塞万提斯，用批判的目光注视着我的一举一动。

这个非常普遍且无害的现象名为幻想性错觉，每个人在日常生活中都多多少少经历过[①]。而它之所以会产生，是因为我们的大脑会自动寻找已有模式，总想赋予周围环境和所遇到的事物一些意义。这没什么不好，这是我们了解世界、成为地球主宰的原因。

① 事实上，从积极的角度出发，用于日常交流的表情贴纸就是这个原理。一个表情不过是一些线条组合，但我们能立刻从中辨认出一张脸和它传达的具体情绪。我们理解这个线条组合是一张失望的脸，和我们认为一朵云像一条狗是一个道理。

我们拥有发现自然和规律的能力（我们的语言能力、可相对拇指[①]等）。比如，太阳达到某个高度时，猎物最有可能在池塘边喝水，某些迹象表明有捕食者在附近，某些因素导致某种现象——让我们在合作、共享信息和形成组织的时候获得了极大的优势。我们的机能帮助我们很好地感知世界、寻找规律，但很好并不意味着完美。这不是什么大问题，因为发现一些不存在的模式通常会被笑话罢了。但若是忽视真实存在的规律，则有可能会阻止基因的传递。因此，前者还是比后者好。

有时我们控制不了自己，总在没有规律的地方发现规律。一旦我们看见了什么并赋予它一个解释，就难以再忽视它。我知道没有人在父母浴室的墙砖上画人脸，但那位先生总是在我上厕所时不怀好意地注视我。即使我知道他不是真的，也知道他为什么会出现，我依然无法消除他留给我的印象。我甚至给他起了个名字[②]，但我不会说出来，因为我已经讲了不少自己的丑事了。

有时，我们认为有联系的两个事物其实毫无关联。比如，抬圣像游行可以祈雨；穿某双特定的袜子去考试（最好是没洗过的）能提高及格率；一个移民犯罪了就意味着移民比其他人更容易犯罪。为什么会这样？为什么我们意识不到两者之间其实没有关

① 人类与其他灵长类进化的一个重大区别是形成了可相对拇指，即拇指可以与其他手指对握，能轻松地接触到其他手指指尖。这使人不仅能精准地抓握细小的物品，还能形成拳头。——译者注

② 他叫洛佩（Lope）。

联？为什么我们会犯这样的错误且不愿改变看法？这其实是一系列心理机制作用的结果。接下来，我们进行具体分析。

动物也会迷信

事实上，不是只有人类会迷信。历史上最重要的心理学家之一，传奇人物伯尔赫斯·弗雷德里克·斯金纳（B. F. Skinner）在1947年进行了一项实验，他用鸽子证明了并非只有人类会把不相关的事物联系起来。因为，人类的行为和其他生物一样，在形态和能力上有明显区别，而且遵循相同的法则。所以，鸽子也会迷信。

在这项实验中，斯金纳把八只鸽子分别单独放在斯金纳箱中。斯金纳箱是一个装有投食器的笼子，它会根据箱中的动物是否完成实验者事先设定的指令而判断是否投食。你可以设置鸽子每啄几次按钮，笼子里的投食器才投放落下食物，或者每啄两次，又或者每隔几分钟啄一次。

在这项实验中，鸽子无论做什么动作都会在相同时间间隔后获得食物。然而，斯金纳观察到，每只鸽子在等待食物时都养成了一系列奇怪的行为。有一只在箱子里逆时针转圈，另一只以特定造型把头伸到笼子上方的某个角落，还有一只会奇怪地摇晃脑袋[1]。

斯金纳将这个过程命名为操作性条件反射，它是我们迷信的基本原理之一（并非唯一）。操作性条件反射就是将某一动作与某个后果联系起来。就像上述例子，实验重复的次数越多，鸽子越有可能产生操作性条件反射。但有一些心理学家认为，这是巴甫洛夫的狗[①]验证的经典条件反射造成的。总之，斯金纳的实验证明了，我们能通过学习将两个无关联的事物联系在一起，并将这种后天的联系视为真实规律。不仅我们，我们的宠物和大多数其他生物也会如此。

然而，除了寻找规律以外，情绪也是造成迷信的重要因素。迷信使我们感觉自己拥有对世界的掌控力。很多时候，我们凭借感觉而非可用信息来做选择。我们再举一个例子帮助理解。

---

① 有些学者，如斯塔顿（Staddon）反驳过斯金纳的理论，他认为迷信是通过经典条件反射获得的，如著名的巴甫洛夫实验——鸽子在获得食物前做出的行为受反射控制。

情绪和理智

想象你是我班里的一名学生，我鼓励你们全体参加一个试验。这个试验的规则是：

> 我要给你们提高期末成绩的机会，每人可以选择加 0.5 分或者 2 分。你们把自己的选择写在一张小纸条上交给我。然而，实验前提是：如果超过 10% 的学生选择了 2 分，则全部加分都会被取消。

显然，在这种情境下，对所有人都合理的选择是加 0.5 分，毕竟分数相当于是白给的（不需要回报）。这意味着如果没有人要 2 分，那么所有人都加 0.5 分。但如果你选择 2 分，在不确定别人是否也选择了 2 分的情况下，失去加分的风险会提高。有可能发生，你选择了 0.5 分，别人选择 2 分后赢得了更多好处，但是这不影响你的分数，你依旧加了 0.5 分。所以，理智的做法是选择保守收益，不是吗？

如你们所料，结果通常不乐观，我们来看看为什么。超过 10% 的学生（通常在 20% 左右）选择加 2 分，结果所有人都没能加分。这是一个典型的公用地悲剧。生态学家加勒特·哈丁（Garrett Hardin）在《科学》杂志（*Science*）上发表的文章[2]对此做出了系统阐释，以农业中自由放牧的公用地问题为例。如果每个牧民只考虑个人利益（放牧牲畜数量超过配额），最终所有牧民都会遭受损失。显然这是不理智的。它在一定程度上反映了我们处理社会信息的方式，我们如何判断周围人的行为，我们是多么不擅长统计和计算；很重要的一点，我们认识不到情绪对理解世界的重要影响（我们害怕成为那个别人加 2 分而自己只加 0.5 分的傻子）。这个杰出的案例也能解释我接下来举的例子①。

这个与认知相关的例子是，我们可以在太空中看到中国的长城吗②？一般而言，你说“可以”的概率有 50%[3]。但实际上，在太空中你是看不见长城的。长城最宽的地方只有 9 米，和小平房一样。此外，建筑用的石头的颜色和周围环境相近，从高处看容易与地面混淆。了解这些知识以后，你还会认为我们能在太空中看见长城吗？

这个认知错误的发生有几个原因。首先，我们不具备这方面的知识，也没有思考，尽管我们感觉长城很大，却不知道它确切的长宽数据；其次，我们可能记得自己听说过——甚至在电视上看过——在太空能看见长城，因为这是个经常被讨论的热点话题，也有可能是因为我们从没听过否定的观点；最后，很多时候，我

① 也能解释“经济人假设”为什么不对。

② 2003 年，中国首位航天员杨利伟在接受央视主持人白岩松的采访时回答了这个问题，表示“我没有看到我们的长城”。因此这个谣言在2003年之后就很少在国内被提及了。——编者注

们提出问题只是为了快速得到肯定的回答，所以我们容易模糊比例，弄反长（在这里不是很重要）和宽（在这里重要）的数据，因为在我们的潜意识里，长城是一个“庞然大物”。

在这个认知错误中，和公用地悲剧一样，情绪起到了我们意想不到的重要作用。“甚至宇航员都会争论是否能在太空中看见长城”。去过太空并有机会验证或否定这个命题的人分成两派。我们愿意相信是可以看见的，愿意得知我们创造了在太空中也能被看见的伟大建筑，外星人经过时也能看见并发出感叹：“哇，那是城墙！人类多么伟大和出色！他们创造了太空中也能看见的作品！”激动和渴望蒙蔽了我们的理智。

之后我们会再讨论情绪对理智的影响。目前，我们先继续了解为什么我们不够理智，在思考和分析信息时总是会受某些机制的阻碍。

什么是启发式和偏差

偏差和启发式会在这本书中反复出现，因此还是有必要先对两者做区分和解释。

启发式是我们在不确定的环境中，或没有时间用卡尼曼的系统二的模型做抉择时使用的心理捷径。赫伯特·西蒙（Herbert Simon）于20世纪70年代定义了启发式。1974年阿莫斯·特沃斯基和丹尼尔·卡尼曼又在一篇论文中对该定义进行了细化，同时在经济学和心理学领域掀起了变革。简而言之，系统二是非常复杂和高成本的决策过程，所以启发式的作用是利用一系列快速法则去加快这一过程。

卡尼曼和特沃斯基做了一个简单且经典的实验：实验对象要听完一串姓名，之后判断其中男性是否比女性多。有些人听到的姓名中，男性比女性更加有名；其他人听到的则是女性比男性更有名。被测试者接受提问时，他们的答案往往是名单中更有名的人所属的性别的人更多，尽管事实相反。

再举一个例子：一般我们认为，外貌看起来上了岁数的人危险性更低，更不可能构成威胁。这算得上一个经典规律，因为它在大多数情况下是正确的，所以我们对老奶奶一般不会起戒心。

多萝西娅·普恩特（Dorothea Puente）是一个反例。她是美国加利福尼亚州一名连环杀手，经营一家寄宿旅馆，为了领取别人的社保金谋杀了九个人，他们基本是老人或残疾人，据说还有六个无法证实的受害人。她寻找境遇糟糕的人住进她的公寓（非常廉价），一开始只是伪造他们的签名冒领社保，在被发现后（她从事这项非法勾当很久之后），她决定铤而走险，开始在公寓接收一些“麻烦人物”，如瘾君子、精神病患者等，拦截他们的信件，以收取水电费的名义拿走他们的社保金，再给他们一些补贴。遇到麻烦的时候，她就给房客下药，用枕头闷死他们，之后雇监狱里出来的无业游民在院子里挖坑埋尸。警探在她的院子里发现了七具房客的尸体。检方提供了超过一百三十位证人的证言，证据确凿。

虽然法庭上有足够的证据宣判这个女人是连环杀手，但陪审团还需要一个月时间决定她是否该对其中三个案件负责。因为一位陪审团成员坚持认为，处决普恩特“如同处决他的或者我的奶奶”，以至于陪审员们在投票上（11 ∶ 1）陷入了僵局。由于陪审团无法就其他六项杀人罪名的成立与否达成一致意见（陪审团投票 7 ∶ 5），法官不得不进行干预，最终判她无期徒刑，不得假释。

这个例子显示，很多时候我们不愿相信证据。这个女人在数年间犯下多起谋杀案，而很多人却不相信，只因为她看起来像是一位和蔼的奶奶，便认为她应该不具有威胁性。这就是启发式的一种表现，这种快速法则被我们沿用至今。纵观人类历史，大多数情况下，它都能帮助我们迅速、有效地做出有益于自己的决定。

偏差作为系统性错误，是我们经常会犯的，也几乎是可预知的。有些偏差是运用启发式的结果，这点我后面会解释。也有一些严重的偏差，比如确认偏差，不是使用某一法则的结果，而是为取得某种心理收益故意为之[1]。启发式有时候会使我们犯错，有时候不会，但是偏差总会将我们引入歧途。

启发式和偏差的种类非常丰富，所以心理学家仍在对其进行分类和命名。我在此就不一一列举了，书里写不下，它们也并非我写书的目的。况且其中很多都不常见，只在极特殊的情况下才发生，所以下面我仅解释最重要和最频繁的现象。

---

① 事实上，确认偏差在我们的日常生活中非常重要和普遍，所以我把它用作我的博客标题，也对这个心理学概念讨论最多。好吧，我就在这里小小地自吹自擂一下。

我们更关注印象深刻的事物

也许，理解我们为什么会相信伪科学和谣言的第一步（也是最重要的一步），就是认识什么是可得性启发式。

可得性启发式的基本原则是：我们倾向于认为让自己印象深刻的事物更加常见和重要，或者让我们印象深刻的事物对我们评估一个情境或话题影响更大。因此，由于最新的消息最容易回忆，我们往往认为它更加重要。举个例子，我们看到拐卖儿童的新闻后，会高估类似情况发生的频率。医疗失误也是如此。新闻一般不会报道医生的正常工作，但会关注医疗失误导致的死亡（或者严重后果），所以我们认为的医疗失误率会比实际统计数据高。

再举个例子，很多人认为死于鲨鱼袭击的概率比死于高空坠落的飞机碎片高[4]。然而，事实正好相反，因为被飞机碎片砸中的案例几乎不会被报道，但是游泳者被鲨鱼咬的新闻会立刻见于各大媒体，尤其是在夏天，这时候的电视台试图利用各种琐事填补空白时段。

因为我们倾向于认为令人记忆深刻的事件其导致的后果更加严重，所以很多人认为飞机比汽车危险，即使飞机失事率远低于陆地交通，死于飞机失事的总人数也更少。任何一个开过环城公路的人想必都见识过很多剐蹭或者小型碰撞事故。但对车祸的报道相对来说更少，仅偶尔出现在新闻中，而只要发生一次飞机事故，各大媒体会连续好几天进行连篇累牍的报道。此外，飞机事故有可能造成更多的死亡人数，所以我们容易记住。这样一来，由于我们更熟悉飞机事故的严重后果，便顺理成章地认为飞机更加危险。

总之，我们对话题度高的事情印象更加深刻，所以会高估它发生的频率，误把实际频率很低的事件当作高频率事件，进而关注更多类似的案例，强化猜想。接下来我们看一个例子。

通灵狗

尽管我在各种谈话和会议上讲过无数次这个案例，却依旧觉得它新奇。案例的提出者是理查德·怀斯曼（Richard Wiseman），一位心理学家兼魔术师，也是我在心理学普及领域的一位偶像。他花费了大量精力去研究稀奇古怪的现象，并将其命名为怪诞心理学。他在《明明没有，为什么看得见？当超自然现象遇上心理学》（*Paranormality: Why We See What Isn't There*）一书中详细阐释了怪诞心理学，描述并分析了各种超自然现象。

有一只叫杰蒂（Jaytee）的威尔士梗[①]，性格友好，和女主人潘（Pam）心有灵犀，能猜出她什么时候回家。根据潘和她父母的描述，每当潘回家的时候，狗就趴在窗前，由此潘的父母仅通过狗的行为就能判断出他们的女儿正在往家走。后来有人给这只狗拍了一个纪录片，在电视上播出时收视率很高。怀斯曼看到纪录片后决定验证故事的真实性。

怀斯曼和他的助手马修·史密斯（Matthew Smith）[②]前往杰蒂和潘居住的小镇拉姆斯博滕（Ramsbottom）[③]。他们设计的实验过程很简单：马修把潘带到离家十三公里的一个酒馆，之后使用

---

① 一种产于英国的犬种，起源于19世纪。——译者注

② 和扮演神秘博士的不是一个人。

③ 它的字面意思是公羊的屁股。有些事就是这么巧。

一个随机数字生成器决定她回家的时间（晚上9点）。与此同时，怀斯曼待在潘的家里，对着杰蒂最喜欢的窗户安装了一个摄像机，并开始连续拍摄，以便怀斯曼可以离开客厅，不对杰蒂造成干扰。结果，杰蒂在准确的时间（晚上9点）走到窗前。

问题是，杰蒂实际上经常在窗前晃悠。怀斯曼观察到，在拍摄的两小时期间，杰蒂去了窗前三次。第二天重复实验时，杰蒂去了窗前两次，因此不能证明杰蒂去窗前有什么特殊原因。它的主人潘解释说，杰蒂在夏天的时候更容易分心，因为附近一家鱼店味道很大，母狗也在发情期，杰蒂会被影响，产生混淆。我觉得，所谓附近的鱼店影响了狗的灵力纯属胡扯。但是我又能说什么呢，我又没有超能力。

12月，怀斯曼回到拉姆斯博滕，又进行了两次实验。第一次实验中，杰蒂去了窗前四次，其中一次是在主人回家的十分钟前。第二次实验杰蒂去了窗前八次，其中恰好有一次与潘动身回家的时间吻合，但只持续了几秒。之后，杰蒂吐在了怀斯曼的鞋子里，接着自己去花园玩耍了[5]。

这到底是什么情况呢？其实很简单。有几次潘的父母发现杰蒂去窗前和潘动身回家的时间恰好吻合，连续几次看似准确的发现后，他们开始重视此事，牢记杰蒂会“成功预知”潘回家，同时忽视了杰蒂其他随机的活动。此外，正如我们之前提过的，这件事中掺杂了一定的情感期待：我们都希望自己的宠物拥有某种超能力。你们可别告诉我自己的狗有超能力不是件很棒的事。如果我们发现自己的狗有超能力，会觉得很不寻常，所以印象更深刻，从而激发了我们的可得性启发式，夸大事情发生的频率。几乎所有养宠物的人都会习惯性关注宠物的超常表现，并视其为它们聪明的证据；而更多时候，它们只是没有蠢到在自己身上拉屎而已（我的一只猫甚至有时都做不到这一点）。

这种情况很常见。我们都倾向于认为自己“直觉很敏锐”。如果我们在想某个朋友的时候，对方正巧给我们打电话或者发短信，我们会感到激动。但我们不记得的是，我们没有想对方的情况下对方也会打电话或者发消息过来，或者我们想对方的时候对方没有联系我们。因为这些情况太日常了，所以轻易地被我们忽视了。

关节痛和天气的神秘关系

长久以来，我们一直认为关节痛和天气有关。20世纪90年代，唐纳德·雷德尔迈尔（Donald Redelmeier）和阿莫斯·特沃斯基对此进行了研究[6]。他们要求一群类风湿性关节炎患者在一年多的时间内，每个月记录两次疼痛等级。之后，他们将这些数据与当地气压、湿度和温度的具体报告进行了对比。所有患者都认为，天气与疼痛之间存在关联，实际上，疼痛等级与任何气候现象都没有关系。他们只注意到有时候剧烈疼痛的时间与出现某个不寻常天气的时间吻合，但忽视了其他情况。由于剧烈疼痛令人印象深刻，人们因此会主动寻找能“预知”它的迹象。如果当天天气不好，人们就会说：“我就知道，一下雨我的骨头就疼。”这么久以来，我们对此深信不疑。

无可避免的从众心理

另一个让我们经常反思现实的问题是，我们容易受身边的人的影响。尽管我们自恃能客观地看待世界，事实上，他人极大地影响着我们对事物的理解。

最早研究从众心理的几个实验是在20世纪50年代由社会心理学家所罗门·阿希（Solomon Asch）完成的[7]。实验中，他向被测试者展示了一条直线和另外三条与之平行的被编号的直线，如下图所示。

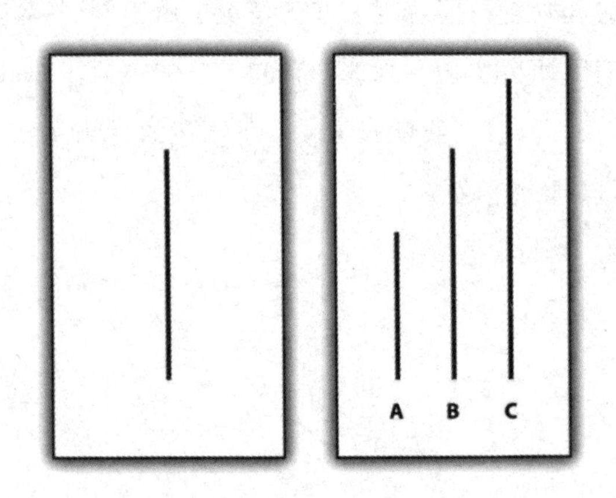

图1 所罗门·阿希实验

正如我们所见，直线B和左边的直线长度一致，其他两条分别更长或更短。

被测试者要指出有编号的三条直线中，哪条与左边那条长度相等。实验的趣味取决于被测试者是否属于某个团体。

当被测试者独自一人时，他能毫不费力地辨别出来，出错率不到1%。这很正常，因为任务很简单，除非他有视力等问题。

作为对照，阿希让被测试者与其他七个人组成团体。这七个人都是阿希的助手，他们串通好进入房间后统一选择错误答案。这七个人逐个大声报出答案，然后依次坐下，真正的被测试者是最后一个作答的。阿希进行了十八次实验，其中十二次（称之为关键实验）助手给出了错误答案。然后发生了什么呢？

平均有三分之一的被测试者选择了和队友相同的、明显错误的答案。此外，在那十二次关键实验中，75%的被测试者迫于团队压力，至少有一次选择了明显错误的答案。只有25%的被测试者一次都没有从众。

实验结束后，阿希采访所有被测试者，询问他们为什么做出那样的选择。大部分人回答，他们不相信队友的答案，但又不想搞特殊，或者不想被他人耻笑。极小一部分人表示，他们当时确实认为队友的答案是正确的。

有些人迫于团队压力，为了和他人的意见保持一致，改变了个人观点。利昂·费斯廷格（Leon Festinger）（下一章我们会重点介绍他）提出了一个理论，即不得不违背真实看法表达观点的人更容易改变个人信仰，使其符合自己的公共形象[8]，并维持个人思想和行为的一致性。

研究者们总结，被测试者故意回答错误是因为他们想融入集体（规范性影响），以及他们认为集体比个人获得的信息更全面（信息性影响）。也就是说，首先，我们以他人为参照，尝试融入他人；其次，我们往往认为，如果周围其他人的看法一致，可能证明他们更有道理。

同样，心理学家罗伯特·西奥迪尼（Robert Cialdini）在影响力和说服术领域也深入研究过这些现象。他在经典著作《影响力》（*Influence:The Psychology of Persuasion*）中列举了六个策略，能提高说服他人的成功率（他将其命名为“影响力的原理”）。其中两个适用于探讨当前的情境。

根据他描述的一致性原理，当一件事与我们的日常行为逻辑相符时，我们更有可能接受它，尤其是在它契合我们的自我认知时。比如，你刚向一个人描述你喜欢电影，然后对方给了你一张电影院的优惠卡，你很有可能会收下，因为这一行为符合电影爱好者的身份。这个原理与费斯廷格提出的观点以及阿希的实验结果一致：如果我们已经因为外部压力（无论是团体压力、奖励或惩罚）表达了某个观点，那么我们有可能会改变外在态度，使之与之前表达过的观点保持一致。下一章讨论我们为什么会有这样的纠正行为。

根据西奥迪尼的社会认同原理，我们很容易模仿他人行为，这就是为什么畅销商品的广告语中总是出现销量、下载量、观看量（如果是视频）或粉丝数等数据。这好比一个老笑话讲的：“您吃口屎吧，成千上万只苍蝇的选择是不会错的。”再比如，如果在一家消费者爆满的酒吧和一家消费者较少的酒吧中进行选择，我们更愿意选择前者，因为我们会认为人多肯定有它的道理。

综上所述，我们有时会凭空创造一些关联。比如当一件事足够引人关注时，我们也会倾向于夸大它发生的频繁程度或重要性；或者当周围的人都对某事深信不疑时，我们以他人为参照组织自己的行为，继而也会对某事信以为真。此外，我们的自我认知也发挥着重要作用。

占卜的陷阱：我们在自我陶醉

我们已经见识过可得性启发式让我们产生了狗有超能力的错觉。再说一个事实：占卜师也没有超能力。没想到吧？占卜师、灵媒等人，利用一个心理学特征使我们相信他们能预见未来，或者能与死者交流。

20 世纪 80 年代，荷兰乌得勒支大学（Universiteit Utrecht）两位心理学家伯肯坎普（Boerenkamp）和斯豪滕（Schouten）花了五年的时间研究占卜师，主要研究对象是荷兰十二位著名的占卜师。他们使用的方法如下：首先，他们去占卜师家里拜访，以防占卜师们辩解环境的改变影响了他们的能力等，这是预言失灵的时候他们经常会找的借口。任何东西都能被他们拿来当借口，比如气流、磁场、在场者的消极态度、下雨、天气炎热等。有一次在占卜师家里，伯肯坎普和斯豪滕向他们展示了一些陌生人的照片，让他们依此占卜这些人的性格、职业、经历等，然后用事实进行验证。

同时，他们在一群随机选择的、从未声称过自己有任何超能力的人身上做了相同的测试。通过记录并分析了上万条回答之后，他们发现，占卜师们的“预言”并不比对照组的更准确，都是胡乱猜测。

这不是特例。斯豪滕进行了广泛的验证，结论是，这种实验结果不是个别现象，它具有普适意义[9]。一个多世纪以来，事实证明，所谓的灵媒、占卜师和预言家比软件处理过的图像更令人失望，和交友网站廷德（Tinder）上发布的照片一样虚假。斯豪滕证明了他们的占卜和普通人随机猜测的结果没什么两样。也就是说，如果我给你看一个人的照片，你把脑子里浮现的想法说出来，猜中的机率和占卜师差不多。很多人一定没想到这会成为一条生财之道。只要脸皮厚，不需要超能力也能成为像阿拉米斯·弗斯特（Aramís Fuster）或桑德罗·雷伊（Sandro Rey）那样的人。

这个真相并不影响我们继续相信所谓的超能力者：六分之一的美国人表示从占卜师或预言家那里得到过准确的预言[10]。这项研究已经过去了二十年。从现在占卜行业的业务量来看，它也许并没有带来多少改变。为什么会这样？一位马戏团经理人最早揭露的一个心理学效应可以对这个问题进行解释。

每分钟诞生一个傻子

费尼尔司·泰勒·巴纳姆（P. T. Barnum）是世界上最早的马戏团经理人之一。他靠马戏发家致富，但盈利手段中有善意欺骗消费者的部分。很久以来，人们认为这一小节的标题“每分钟诞生一个傻子”出自巴纳姆之口，实际上它是一个叫大卫·汉纳姆（David Hannum）的人说的。巴纳姆制作了众多利用怪异展品或精湛表演获得轰动效应的节目，于19世纪60年代创建了一代传奇“玲玲马戏团”（Ringling Bros. and Barnum & Bailey Circus）。在设计奇观方面他是一位专家，观众心甘情愿为他掏钱，他的代表作之一就是《卡迪夫巨人》（*Cardiff-Giant*）。巴纳姆试图说服人们相信他复制的巨人石膏像就是真的巨人化石，但所谓的真正的巨人不过是商人乔治·赫尔（George Hull）杜撰出来的。原本巴纳姆计划用6万美元购买那座“真”的巨人化石，但是没有成功，于是他就复制了一座石膏像，并声称原来那座是伪造的。汉纳姆的这句名言就源于这个故事。如你们所见，巴纳姆胆大得很，擅长制造噱头。

然而，现实中的他讨厌灵媒、招魂师和其他真正的骗子，所以，他花费了很多时间和精力揭穿别人的骗局。人类不愧是一种很矛盾的生物，兜售假的巨人化石没问题，和死人对话就不行。

当时，巴纳姆已经总结出占卜师制造自己无所不知的假象时使用的策略：一项名为冷读法的技术[11]，即如果你提供的信息足够广泛和模糊，能引导多种理解，人们就会自动帮你填补上内容中的空缺，按照他们的想法拼凑出一个解释，再把一切归功于你。举个例子，星座解读经常是一些泛泛之谈，容易与我们的经历嵌套起来，所以貌似预言得很准。心理学家伯特伦·福勒（Bertram Forer）在1948年做了一个研究冷读法的实验，它是我一直以来最喜欢的实验之一[12]。

福勒给三十九名心理学专业①的学生做了一份他设计的人格测试，结束后，他把问卷都丢进了垃圾桶。几天后，他给每个人发了一份完全相同的心理侧写作为测试结果（学生们不知道收到的是相同答案）。这份侧写是福勒从一本占星学的书上抄来的一堆描述，全文如下：

> 你祈求受到他人喜爱，却对自己吹毛求疵。虽然人格有些缺陷，大体而言你都有办法弥补。你拥有强大的潜能，却还未被利用起来创造优势。你外表律己、克制，内心往往感到恐惧和不安。有时你严重怀疑自己是否做了对的事情或对的决定。你喜欢一定程度的变化和多样性，被限制和拘束时你会感到失望。你也为自己能够独

① 可见，心理学专业的学生经常被当作实验对象，这有时会带来实验方法上的问题。不过，心理学专业的学生和其他人一样容易相信谎话和谣言。

立思考而感到自豪，没有充足的证据时不会接受别人的主张。你也认为对他人过度坦率是不明智的。有时你外向、亲和、善于交际，有时你则内向、谨慎、沉默。你的一些抱负往往是不切实际的。

福勒要求学生们在 0 分到 5 分的区间给测试的准确性打分，最终得到的平均分高达 4.3。然而，一份相同的描述怎么可能适用于一群性格各不相同的人呢？

这便是福勒效应，又称伪个人验证：我们更喜欢及愿意接受个性化的判断，但实际上，它们都是模糊的，能适用于任何人。关键是其中不能包含很多负面评价，最好正负平衡，甚至多一些正面评价。心理学家将这种现象命名为“自我偏差”。比如你们看福勒引用的那一小段文字，正负评价交替出现。学生们一边关注符合自我期待的语句，一边忽视相反的判断，这样一来，测试结果就精准地描述了每个人。福勒效应在多数情况下得到了大量复制，被测试者总是认为测试结果非常准确。

事实上，我们非常容易相信占卜师、占星师等人的能力，因为福勒效应是微妙且有说服力的。总之，我们对自身行为的认知有很大偏差，并且往往想给自己营造一个好形象，所以面对一系列模糊和通用的评价时，我们会按照自己的意愿进行选择和诠释。你们想了解如何运用福勒效应征服全世界吗？我们往下看。

冷读法：如何在聚会上搭讪

根据罗兰（Rowland）那本极棒的指南，要想运用好冷读法，只需记住六个简单的诀窍。如果你在玩塔罗牌、看手相、看星盘等一些乱七八糟的事时运用这些诀窍，没准能混淆众人的试听。

1. 拍马屁十分管用

之前我们提到了自我偏差，即重视自己的看法，喜欢听关于自身的正面评价，即使我们知道它们是虚假的。

这个偏差的命名是1979年由罗斯（Ross）和西可利（Sicoly）提出的[13]，他们解释了为什么我们愿意以自我欺骗的方式相信自己是特别的、独一无二的，认为自己在很多方面超出平均水平，或者认为自己比命定的幸运许多。他们的报告中提到，94%的人认为，自己的幽默感在平均值以上；80%的司机认为，他们的驾驶技术高于平均水平，包括因交通事故受伤住院的人；75%的企业家认为，自己比普通商人更有道德意识，包括那些因贪污获罪的人[14]。我认为最后这个数据在当下的西班牙像土豆鸡蛋饼①一样典型。不过这也是全世界人的通病。

人性就是如此：如果某个人身上有我们渴望获得的性格特质，

① 西班牙的一道传统菜肴。

我们往往会假设自己也具备这样的品格。一位好的冷读法使用者能通过迎合对方来发掘他们的自我偏差。当你夸赞对方或者做一些宽泛的描述时，大多数人会惊讶于你对他们的现实情况是如此了解。

2. 让他们相信自己想相信的：正话和反话

除了拍马屁之外，最容易的占卜话术还包括先说正话，紧接着说反话，好让对方从两者间择其一。我们可以回顾一下伯特伦·福勒的做法。毕竟，在确认偏差的影响下，人人都只相信自己想相信的。我们在下一章会详细讲解这一点。

拿一场竞争激烈的足球比赛来说（如皇马对巴萨），现场氛围紧张，双方球员相持不下，然后你会发现，体育小报们会根据自己偏向哪支球队而进行不同的报道。这不难理解，毕竟记者们也许是收了钱在为球队做广告。从观众的行为中也能观察到相同规律。皇马球迷会向你抱怨巴萨先犯规了，巴萨球迷又会反驳。此外，每个球迷都会认为，他支持的球队没有过分使用暴力，而敌对的球队有。针对这种选择性记忆现象的首次研究开始于1951年，当时达特茅斯印第安人队和普林斯顿老虎队正举行足球比赛，后来这个规律又在不同的比赛中被复制了上千次[15]。

3. 从模糊中创造具体意义

不妨看看下面这幅插图。

图 2

你一定能轻松看出这是几个字母，对吗？中间的字母明确是B。我们再来看看，如果给插图加上一些新元素，会发生什么？

图 3

当我们在插图的上下分别加上一个数字时，字母 B 就立刻看起来像数字 13 了，对吗？

这属于我们之前讨论过的幻想性错觉。尼克·查特（Nick Chater）在他的杰作《思维是平的》[1]（*The Mind is Flat*）里解释道，

① 在这本可能是近年来最重要的心理学书籍中，查特解释并证明了，为什么潜意识不存在，以及为什么我们称为“心智”的东西是靠即兴形成的。这本书颠覆了很多关于心智和行为的老生常谈，我认为它至关重要。

我们根据感官刺激创造规律，并试图根据自己掌握的知识赋予其含义。

谈话是一个类似的过程。比如你试图向听话人传递你的思想，尽管你有时候表意不清或言不尽意，但是对方能通过情境推断出你的意思。然而，这个过程有可能会失控，造成你以为自己的推断正确，实则不然的假象。

20 世纪 70 年代，心理学家唐纳德·纳夫图林（Donald Naftulin）运用了一个巧妙的方式揭示了这一现象。他写了一篇毫无意义的演讲稿，内容是一连串探讨数学与行为的相关性的“胡言乱语”[16]。之后，他雇一名演员在一个教育学学术会议上发表了这篇演讲，还要求在场听众——一些精神病学家、心理学家、社会工作者——做出评价。演员做了一些预备演练，并被要求在回答问题时，使用一些“有歧义或模棱两可的话、不存在的词或新词、不一致或矛盾的概念”。纳夫图林把演员包装成履历光鲜的迈伦·L·福克斯（Myron L. Fox）博士——这比一枚 3 欧硬币还离谱，这位所谓的福克斯博士用通篇废话折磨了听众一个半小时，然后与会的听众被要求填写一个问卷，对他进行评价。

你们应该能猜到，在场听众觉得他棒极了，不断夸奖他讲座的形式和内容，其中 85% 的人认为演讲内容组织有序，70% 的人觉得举例形象，几乎所有人都肯定讲座具有启发性。况且这些听众还是具有一定专业性的。或许正是因此，他们的视角更加局限于自己想看和想听的。这就是我见到某些一辈子都没上过学的人办教育创新讲座时感到紧张的原因之一。这个效应以纳夫图林创造的人物命名，即福克斯博士效应。

20年以后，物理学家艾伦·索卡（Alan Sokal）决定证明很多后现代文化研究都是无稽之谈，于是在一个非常权威的期刊上发表了一篇毫无意义的文章。文章标题为“打破界限：迈向量子引力的变革性解释学”（*La transgresión de los límites: hacia una hermenéutica transformativa de la gravedad cuántica*），内容可以说乱七八糟：无序的引用，无关联的参考文献，不着边际的论证。结果，评论中满是赞美，直到索卡本人说出真相后引起了轩然大波。最近，詹姆斯·A·林赛（James A. Lindsay）、彼得·博格西安（Peter Boghossian）和海伦·普拉克罗斯（Helen Pluckrose）复制了索卡的做法。他们给学术期刊投稿了二十篇荒谬的文章。在他们揭露真相时，其中四篇已经被发表，三篇已被接受但仍未发表，六篇被拒，剩下七篇还在审核中。被接受的文章中，有一篇讨论公园里的狗的暴力文化，有一篇关于肥胖健美运动员的人类测量学。他们的目的是证明部分学科缺乏严肃性，而我们感兴趣的是用福克斯博士效应解释占卜师的机制：如果占卜师使用的话语和表达的内容足够模糊，我们就能从中推导出我们想要的结论，那么我们就会认为它准确描述了我们自己（或现实）。

占卜师的评论都是模糊的，通常没有时间限定，因此可能指向过去、现在或未来，也可能指向此处或是别处。客户回顾自己的生平，试图寻找与卦象相对应的经历（如财产上的重大变动可指购入或卖出房产）。此外，占卜师会先给客户做心理建设，告诉他们卦象总是混乱和模糊的，所以不能给出准确信息。

4. 试探和选择

我们和占卜师面对面的时候，他们一般会先评论几句，然后观察我们的反应，再顺着能获得我们积极反馈的方向说，比如笑、赞同、身体前倾或者表现紧张。由于看手相会产生肢体接触，所以你会更容易产生小动作，而这恰好能传递出大量信息。

占卜师会谈论很多不同的话题，因为总有一个能和你的情况相符：罗兰建议大家关注THE SCAM（英文字面含义“欺诈”）——这是一串事物的英文首字母缩写，翻译过来是“旅行（travel）、健康（health）、对未来的期待（expectations for the futrue）、性（sex）、职业（career）、抱负（ambition）和钱（money）”——总有一个会让客户产生共鸣。

此外，我们的选择性记忆和发现规律的渴望会给自己埋下陷阱。因为当占卜师根据我们的反应顺水推舟给出预测时，我们往往只关注到所谓的“准确预测”，而过滤掉了其他失败的试探。久而久之，我们就会遗忘占卜师犯的错误，越发感觉他们是灵验的。这就是众人口中的“我觉得特别准”。

5. 自我偏差和认为自己独一无二

上文提到，由于自我偏差，我们倾向于认为自己很特别、有特殊的能力，而这会让我们忽视自己的普通和平凡之处，是毫无益处的。

在很多简单的实验中，被测试者需要完成一个类似下文所描述的任务：

> 在没有任何提示的情况下，在一片方形沙地中选择一个点，挖掘宝藏。
>
> 想象两个相互嵌套的几何图案。

我们发现，在这两种情况下，大多数人的想法相同：几乎所有人想象的都是圆形里面有一个三角形；几乎所有人选择的挖宝地点都在方形沙地的两条对角线上。我们以为自己是独一无二的，但是在很多测试中，我们的答案往往与他人相同。

这意味着，我们可以通过援引一些大概率的事件，让别人认为我们很了解他。比如，他有一把不知道开什么门的钥匙、一双再也不会穿的鞋、一个叫何塞的亲戚等。当然这也有失败的时候……

6. 将失败转化为成功

猜错的时候要立刻纠正，这样就可以将潜在的失败转化为成功。这有好几种解决方法。

最常用的是对刚刚说过的话进行补充，提高猜对的概率。如果你说对方见过一个叫胡安（Juan）的人，但是对方说不对，你可以继续补充：如果不是胡安，就是哈维尔（Javier），或者海梅（Jaime），总之这个人是以 J 开头的名字，或者姓也可以。客户认识叫这些名字的人的概率是很高的。

你也可以归咎于客户，说他们不够专注（以便争取时间），或者告诉他们应该把占卜结果和亲人、朋友分享。参与这个过程的人越多，越可能被人发现吻合之处。

如果这样还不行，你就说自己只是打了个比方。

有时候我们不清楚自己的身体在哪儿

除了干预信息处理的自我偏差和启发式，我们还面临一个更加基础的问题，即有时候我们不清楚自己的身体在哪儿。在特定情境下，我们会产生出体经验，即灵魂出窍，然后碰上各种奇遇。这和超自然没关系，是我们的感知功能在作祟。

这得益于一项经典且简单的实验①——你也可以在家自己动手操作[17]，我们非常熟悉出体经验产生的机制。

你需要一张桌子、一本大开本的书或者其他能用来做隔板的东西、一条毛巾、一只橡皮或木制仿真手和一个朋友。我们假设这里用到的假手是左手。如果是右手，步骤只需要相应调整。

坐在桌前，把双臂自然地放在桌上，再将左手从原来的位置向左移动 15~20 厘米，把假手放在左手右侧。

然后把书或隔板立在真左手和假手之间，遮挡住真手，使自己只能看到假手。之后用毛巾盖在肩膀和手臂的位置，使假手看起来好像真的连接在你的身体上（尽管你知道是假的）。这样准备工作就完成了。

请你的朋友坐在桌子对面，用双手食指或一只柔软的刷子，同时分别抚摸你的真手（隔板后）和假手。大约一分钟以后，你

① BBC2 制作了一个很棒的简短的教学视频。

会逐渐感觉橡胶手是自己的手，而真手则开始丧失知觉。这种感觉非常具有迷惑性。实际上，如果监控那只被遮挡的真手，我们会发现它的温度下降了 0.5 摄氏度，仿佛在得知那不是自己的手后，大脑开始停止向它供血。

《脑中魅影》[18] 中描述了一个相似却更加简单的实验。神经科学家维莱亚努尔·拉马钱德兰（Vilayanur Ramachandran）要求被测试者将左手伸到桌子下面，用一把刷子同时刷那只藏起来的手和桌子表面。一半的被测试者表示，感觉桌子是自己身体的一部分。

这个例子有助于解释我们接下来会讨论的催眠幻觉等现象，如为什么有时人们会有灵魂出窍或者被附身的经历。在感官功能失调的情况下，当我们接收到不一致的刺激，我们的机体需要寻找定位信号。大多数情况下，这个过程能顺利进行，我们能够充分辨别皮肤在哪儿，哪些是我们身体的组成部分，哪些不是。但是在实验中，你接受到的视觉信息和触觉信息不一致，你感觉有一部分看不见的身体正在被抚摸，同时看见一只假手（或桌子）也在被同样的方式抚摸着。因此，你得出一个能解决疑惑的结论：正在被抚摸的物体是你身体的组成部分。

这听起来很有趣，但似乎有些脱离现实生活。然而，拉马钱德兰和他的团队证明，这个现象可用来解释一个著名问题——幻肢。很多时候，当一个人失去了某个身体部位后，被截去的部分依然有知觉，比如发痒，或是难以忍受的疼痛。拉马钱德兰和他的团队做了一个长宽高均为60厘米的纸盒，正面和上面不封闭。他们在盒子中间立了一面镜子（和前面实验中运用的隔板差不多），将盒子一分为二。被测试者需要将好胳膊和残缺胳膊分别放到左右两侧，然后调整其观察的方向，使其能看见好胳膊的镜像。在被测试者看来，仿佛两只胳膊都是好胳膊。之后，被测试者需要用两只手同时完成一些简单的动作，比如打开或合上拳头。逻辑上讲，被测试者只能用一只胳膊做动作，但是实验者要求他们假装双臂健全，尝试双臂一起做动作。带镜子的盒子造成了残肢运动的假象，因此大多数病人幻肢的痛感有所减轻，其他幻觉也消失了。

如你们所见，设计一个出体装置并不难。拉马钱德兰发现，只要使用两面大镜子便可以完全诱导出星体投射[①]。将两面镜子相隔一米面对面放置，倾斜一定角度，以便你站在两面镜子中间时，能在其中一面镜子里看见自己的后脑勺。之后，用你的食指轻拂自己的脸颊。

这和橡胶手实验差不多，片刻之后你开始感觉自己在触摸一个陌生人或机器人的身体，而你自己仿佛离开了身体，在体外观察着这一切。有些参与这个实验的人称，他们好像在对“镜子里的陌生人”打招呼。

原理很简单：你的触觉反应出有人在抚摸你的脸颊，但是你

① 让清醒意识离开肉体的一种体验。

的视觉反馈一个背对着你的人同时以同样的方式在被抚摸。因此大脑会调整你的认知，使所见和所感一致，让你认为“你”站在你的面前。

星体投射和其他伪科学

因星体投射研究而闻名的心理学家苏珊·布莱克莫尔（Sue Blackmore）为解释这个现象做过一个有趣的假设。同时，她本人的职业经历也很有趣，在超自然研究上浪费二十五年的光阴后，她终于从一个虔诚的超自然信徒转变为一个怀疑论者和科学论者。

20世纪70年代，她就读于英国牛津大学，读书期间曾产生了一次奇妙的出体经验，之后便着迷于此。当时她抽了几小时毒品，感觉自己的灵魂脱离了身体，在英国上空飞翔，横跨大洋到达纽约，然后回到牛津，从脖子重新钻进她的身体，之后灵魂在宇宙中弥漫开来。

布莱克莫尔开心极了，她不认为这是毒品的作用，并决定开始学习白魔法（我不清楚她是不是去了霍格沃茨[①]）、研究灵学。她在博士论文中研究孩子是否有传心术（实际上没有），尝试用麦角酸二乙酰胺[②]强化他们的超能力（这当然不行），还自学塔罗占卜检验它是否真能预知未来（这也不行）。在浪费二十五年做了大量荒谬实验后，她变成了一个强烈的怀疑论者，转而开始研究为

---

① 魔法学校，作家J.K.罗琳（J.K.Rowling）的著名系列小说《哈利·波特》（*Harry Potter*）的故事背景。这是一个有魔法天赋的孩子学习专业知识的地方，有着相当荒谬的教育体系。鉴于每学年的伤亡率，甚至战区与之相比都更安全。

② 简称LSD，是一种强烈的半人工致幻剂和精神兴奋剂。摄入100微克能造成使用者6~12小时感觉、记忆和自我意识的强烈变化。——译者注

什么人们会相信这些东西。

苏珊·布莱克莫尔总结道，当人们接受到少量且稳定的感官刺激时，会产生出体经验。有过这种经验的人表示，它通常发生在昏暗的环境中，或者在闭上眼睛的时候，而且往往伴随着有限且持续的刺激，比如躺在床上或浴缸中、药物兴奋等。

这里要提到一个心理学现象，叫感觉适应，就好比你进入厨房几分钟后就闻不到正在烹饪的食物的味道了。这不是因为气味消失了，而是因为它属于一种持续性刺激，你会逐渐习惯，然后取消关注。如果刺激发生变化（比如你因为沉迷阅读这本书把食物烧煳了），你会再次集中注意力，但不是立刻发生，因为你还处于上一个适应的阶段。只有你从原来的状态抽离之后，外界才能重新激发你的感官。情感上也有类似现象，叫享乐适应，即你购买新物品的时候非常兴奋，但是很快你就适应了，新事物带来的新奇和刺激会逐渐减弱。

当感官刺激有限且持续时，大脑认为接收到的信息不完整，因此开始用想象力填补自己在哪儿、在做什么的画面，试图使其与感觉保持一致。我们都知道，想象可以摒弃空白。有人可以轻松地闭着双眼想象出房间的样子，或在灵体出游时构想世界的形状，最终他们会把想象和现实混淆。布莱克莫尔做了很多实验[19]检验这个猜想，其结果是肯定的。

有过出体经验的人普遍更善于在脑海中构建生动图像，或在想象中呈现事物，同时也更难区分想象和现实。这不是精神疾病，你可以认为自己更容易沉浸到一段虚拟体验中，其本质上类似于看书或看电影。如果把这类人置于一个存在持续但是模糊、不充分的刺激（比如橡胶手实验中的触摸）的环境中，他们会认为自己的灵魂离开了身体。

魅魔与梦

睡眠有五个阶段，在夜间不断循环。睡下后不久，我们进入阶段 I[①]，这时大脑仍然非常活跃。在这个阶段，催眠幻觉（当我们即将入睡时）或初醒幻觉（当我们半梦半醒时）都是常见的。这些幻觉可以是视觉上的（随机的斑点、光线、几何图案或动物和人形），也可以是听觉上的（雷声、敲击、脚步、耳语或谈话碎片）。这些幻觉让人以为夜里有鬼魂拜访。阶段 I 很短，大约十分钟。

紧接着是阶段 II，大约二十分钟。在这期间我们虽然不清醒，但是可能会支支吾吾，甚至发生完整的对话。阶段 III 大约二十分钟，此时我们已经完全放松，大脑和肌肉的活动非常少。阶段 IV 大约三十分钟，进入阶段 IV 以后，大脑几乎没有活动，脑波（即德尔塔波）频率非常低。在这个阶段，尿床和梦游时有发生。

阶段 IV 以后我们进入快速眼动期（REM），顾名思义，在闭眼状态下眼球快速运动，同时脉搏上升，呼吸变浅。这个阶段做的梦醒来后能被回忆起来。通常，我们每晚都会经历这五个阶段，快速眼动期持续大约二十分钟。每个人都会做梦，但不是所有人都记得自己做过梦，这通常取决于你醒来时处于睡眠的哪个阶段。

---

① 如您所见，心理学家在命名事物方面非常有创意。比如，卡尼曼在命名两个决策系统时将它们称为系统一和系统二。科学充满诗意。

快速眼动期除了大脑活跃度上升，还会发生两件神奇的事。一方面，男人通常会勃起，女人的阴道会变湿润；另一方面，尽管我们的大脑和生殖器在活跃，身体的其他部位依然保持放松。实际上，脑干对躯体有抑制作用，肌肉活动降到最低，大概是为了防止我们去实践做梦的内容，对身体造成伤害。

上述原理能解释一些人的见鬼的经历。当我们在阶段 I 和快速眼动期过渡时，我们能同时体验阶段 I 的幻觉，以及快速眼动期的肌肉瘫痪和性兴奋。这会导致睡眠瘫痪症，即虽然大脑清醒但肌肉完全无法移动，时常伴随千斤压顶的感觉。这种情况下，很多时候我们会“看到”身边有个鬼影，外加性兴奋，所以产生自己在和鬼做爱的幻觉。

这是对魅魔，即趁人睡觉时与之发生性关系的恶灵的一种解释。有关梦的研究显示，这仅仅是阶段 I 的幻觉和快速眼动期肌肉瘫痪、性兴奋结合的结果。同时，相关研究也揭示了一个最好的解决办法：只要尝试移动一下手指、眨眨眼等，就能帮助我们的神经系统过渡到阶段 I，然后醒来。

数学和概率学得太差

人们不仅会受梦的影响，也会被科学欺骗。我们容易轻信各种偏见，有一部分原因是我们的数学，尤其是统计和概率方面学得太差。

以这个简单的问题为例：朝空中掷一枚硬币两次，两次都正面的概率是多少？

正确答案是25%，掷四次可能出现一次。所有可能出现的结果有：正面和正面、反面和反面、正面和反面、反面和正面。显而易见，每种出现的概率都是四分之一。但是，只有四分之一的人能答上来，出成选择题也无法提升正确率[20]。这么简单的计算竟然还有四分之三的人答不上来。

对人和灵长类动物的大脑进行的大量磁共振成像研究显示，我们在一定程度上偏爱数字1、2、3；我们更能区分大的群体数量差异，而非细微差异[21]。此外，我们大脑的某些区域对大数字更敏感，某些区域对小数字更敏感，尤其是在需要目测群体数量是多少的时候。因此，我们在处理大量级的数字和概率时会感到慌乱。

情绪也会影响我们对事物的评估。我们倾向于夸大所担心的事情发生的频次，越夸大，就越紧张。其实，这不过是数学不好和可得性启发式共同作用的结果。

你和大数定律

将大数定律和可得性启发式两者结合，能很好地解释为什么有时我们认为自己在梦中预见了灾难的发生。大数定律认为，只要重复的次数足够多，低概率事件就会发生。

一个典型的例子就是彩票：中头奖的概率微乎极微，但是如果买的人多，每周总有人中彩票。也就是说，即使概率低，也有可能发生，因为每多买一张彩票，中奖号码被抽中的概率就多一分。

由于几乎每天都会发生灾难，有几十亿人每晚都会做梦，因此在世界上某个角落，肯定有一个人，能梦见与现实中发生的某个重大灾难或事件相关的内容。如果再考虑到选择性记忆的过滤作用，我们很快就会遗忘无意义的梦，只记住那部分有意义的。

当然，你们会问，我们怎么区分那些事后在媒体上炒作的人（他们能说谎）和那些真的能预见未来的人？如果我们能找出谁做了真的预言梦，就能检验梦的内容是否应验，以及有多大比例应验了。

还真有一个人这么做了！一位名为查尔斯·默里（Charles Murray）的哈佛大学心理学家，利用一桩特殊的案件——查尔斯·林德伯格（Charles Lindbergh）的儿子的绑架案——完成了这样的假设[22]。此案在当时受到了美国民众的广泛关注，爱耸人听闻的记者称之为“自耶稣复活以来最重要的新闻”。没错，好日记（*OK Diario*）[①]这样的垃圾媒体一百年前就有了。

查尔斯·林德伯格成名于1927年，是单人不间断飞行跨越大西洋的第一人。1929年他与作家安妮·斯宾塞·莫罗（Anne Spencer Morrow）结婚，两人一起创下几项飞行纪录。1930年，这对夫妻有了第一个孩子，取名查尔斯（Charles），之后一家人搬到位于新泽西的一栋宅邸里。

1932年3月1日晚10点，妻子通知查尔斯·林德伯格，他们的儿子失踪了，绑架犯留下一张纸条，索取五万美元赎金[②]。林德伯格拿了把手枪走到婴儿房，在里面发现一架用来攀爬到二楼房间的手工扶梯。警方为此展开了广泛的搜寻行动。此案一时间成为大热新闻。

同一时间，查尔斯·默里决定利用此案研究预言梦的准确性。查尔斯·默里后来因为主题统觉测验（TAT）——一个非常著名但没有任何意义的人格评估工具[③]——的发明而小有名气。数年以

① 2015年由爱德华·英达（Eduardo Inda）创办的西班牙数字报纸，总部位于马德里。它的报道多次引发争议，被定性为黄色新闻。——译者注

② 相当于2019年的90万美元。

③ 该测试与罗夏墨迹测验——著名的性格测试：患者描述他在墨迹中看到的东西——和其他人格投射测试（解释患者绘制的图画或由患者解释模糊的图像）具有相同的效度：零[23]。说真的，如果心理学家给你一张墨迹图，问你看到了什么，或者让你画一棵树、一栋房子、一个家庭，或者骑自行车的猫，别犹豫，直接离开。这些墨迹根本无效。罗夏墨迹测验的最新变体是内隐联想测验（IAT），是罗夏墨迹测验近交和萎缩的后代，两者都基于不存在的无意识[24]，都和猜人心思一样毫无根据。

后，美国政府请默里给希特勒做一个人格侧写。由于无法和希特勒面谈，也无法给对方做那个荒谬的主题统觉测验，默里只好以一些间接材料（如他的成绩单、写作、演讲）为依据，得出了一系列愚蠢的结论，比如希特勒是一个"矛盾的自恋者"。这种论断虽然毫无意义，但是一定能在心理分析会议上顺利发表。

默里在上述绑架案发生时还没有出名。当时，他决定联系多家报社，请他们向读者收集任何有关此案的预感。默里要赶在警察调查出谁是绑架犯之前阅读读者的来信。最终，他收到了超过一千三百份答案，而案件在两年后才真相大白。

与此同时，林德伯格要求绑架犯与他联系，进行谈判，但是对方没有理会。不过，绑架犯回应了一位名为约翰·康登（John Condon[①]）的退休教师发布的一则调解启事，康登要求额外增加一千美元赎金。林德伯格给约翰·康登发了好几条消息，要求4月2日与他在布朗克斯（Bronx）公墓见面，并支付五万美元金币券（证明你是虚拟黄金持有人的文件），以换取孩子的下落。康登拿到金币券后交给绑架犯（推测有斯堪的纳维亚口音[②]），绑架犯告诉他，孩子和他的朋友们（两个女人和两个男人）在一艘停在马萨诸塞海岸的船上。林德伯格在空中搜寻了整个海岸，却没发现那艘船。绑架犯们给他发送了一条消息，告诉他已经收到了

① John Condon，condón在西班牙语中是避孕套的意思，但他的确叫这个名字。

② 斯堪的纳维亚半岛（Scandinavia peninsula），位于欧洲西北角。——译者注

赎金，并且孩子已经移交给了两个无辜的女人照看，很快就会还给他。

1932 年 5 月 12 日，一个卡车司机在离林德伯格家不远的地方停下车尿尿，然后偶然间发现了林德伯格孩子的尸体，直立着被埋在一个不太深的墓穴里。婴儿的骸骨显示他的头部有创伤，一部分遗体已经被野兽吃掉了，并且已经死亡约两个月了。

气氛开始紧张起来，案件调查持续了两年。调查过程极其严酷和无情，致使嫌疑人之一——维丽特·夏普（Violet Sharp），林德伯格家中的一名女佣，因不堪警方骚扰而选择了自杀，尽管她是无辜的。

案件于 1934 年水落石出，起因是一位加油站员工注意到一位顾客在支付二十升汽油时使用了十美元金币券。为了防止收到假的金币券，这位员工在金币券上记录下了车牌号。他去银行兑换金币券的时候，银行员工通知了警局。警察调查出车主名叫布鲁诺·豪普特曼（Bruno Hauptmann），是个德国非法移民，在国籍所在地有前科，职业是木匠。警察搜查了他的家，找出了剩余的一万四千美元赎金。他的笔迹与写给康登的字条上的一致，而且他家木质地板的材料也与用来爬进婴儿房的扶梯的材料一致。最终，豪普特曼被判处死刑。值得一提的是，他的遗孀曾两次起诉新泽西州错误地处决了她的丈夫，并且她直到 1994 年去世前始终在为丈夫的清白辩护。

结案以后，默里开始了他的研究。他决定集中筛选三个破案的重要线索：婴儿死亡、被埋进墓穴、墓穴在树丛中。根据这三项，默里筛掉了95%的信件，只有5%的来信在内容中暗示了婴儿遇害，其中四封信提到婴儿的尸体可能被埋在树丛附近。没有一封信提到扶梯、勒索信和赎金。正如我们提到的大数定律，只要数量足够多，总有几个梦能贴近案件的真实细节，但是这些梦没有所谓的预言功能。如果我们认为预言成真，那是在自我欺骗，或者是我们不懂概率学。另外，在概率学上，我们的计算能力比理解能力更差。

锚定与调整性启发式

上述内容都是在为举证一个效应做铺垫：锚定与调整法则，也叫锚定与调整性启发式。该效应于 20 世纪 50 年代作为一个心理物理学概念被提出，并于 20 世纪 70 年代得到卡尼曼和特沃斯基的深入研究，被视为传播谣言的有利工具。

在 20 世纪 50 年代谢里夫（Sherif）的心理物理学实验中，他将被测试者接受的第一个和最后一个感官刺激视作衡量其他刺激强弱的尺度。

卡尼曼和特沃斯基发现，如果先给被测试者一定信息（即使信息不重要或与事件毫无关联），再要求他评估某事发生的概率，评估结果会受到很大影响。他们在一个实验中[25]要求被测试者估计联合国中非洲国家的比例。然而，在被测试者公布自己的答案前，研究者说要先用大转盘随机挑选 1~100 中的一个数字。转盘事先被动过手脚，只能选中 10 或 65。被测试者要根据个人想法指出转盘数值偏高还是偏低，再往上或往下调整。

当转盘指向 10 时，被测试者估计联合国中非洲国家占比为 25%；当转盘指向 65 时，他们认为占比为 45%①。即便给答对的人追加金钱奖励，情况依然不变。

---

① 我们在此指的是估值的中位数：处于数列中间的估值。

丹·艾瑞利（Dan Ariely）——杜克大学心理学老师，无理性和偏差行为专家——指出，人们总是试图在个人行为中保持绝对一致性。在他的一个著名实验中，他访问一些心理学专业的学生，了解到他们能在拍卖中给一系列物品出价多少。首先，他要求每位学生写下自己社保号的最后两位数，数字较大的学生比数字小的学生出价高出60%~120%[26]。

在商谈中，第一个被提及的数字通常会起到锚点的作用，商谈围绕这个锚点进行，不会偏离太多。别人经常利用我们数学不好这一点，用夸张的数字限制我们的认识。

坏消息影响更大

我们对坏消息的处理方式和对好消息截然不同。我们尤其倾向于关注坏事，这使我们容易相信荒谬的言论。丢钱、分手、被批评对我们的感情冲击大于赚钱、交朋友、受到表扬。

很久以前人们就意识到了这点。多位心理学家和神经科学家都证实，我们对坏消息（比如我们想象之前看见过的、令自己感到不快的场景）的处理方式更加强烈[27]。对危险信息给予更多关注本身是有意义的，但现实中这却如同盲目寻找规律一样，会造成我们对世界的误读。

这种倾向对人际关系也会造成影响。比如，约翰·戈特曼（John Gottman）及其团队的研究发现，情侣关系中，积极互动和消极互动的比例至少应该保持在 5 ∶ 1。一旦低于这个比例，关系就会产生问题。伴侣间每一次因为谁没洗盘子或周末的计划等问题产生的争吵、失望或摩擦，都比几个吻、几次示爱或几次惊喜对亲密关系的影响更大。

这个研究结果意味着，信息的呈现方式很重要，甚至可以说非常重要。让我们想象一个场景：假设你患有一种危险的疾病，非常严重，不治疗就会死亡。医生告诉你，手术可以挽救你的生命，但同时存在一定风险，那么你同意接受手术的可能性有多大？在一种情况下，医生对你说，有 10% 接受手术的人在五年内死亡。

在另一种情况下，医生对你说，90% 接受手术的人能再活五年以上[28]。

好吧，第一种情况下的你比第二种情况下的你更有可能拒绝手术，尽管这两种表述的意思完全一样。第二种情况下，56% 的人表示肯定会接受手术。而第一种情况下，只有不到 39% 的人会接受手术。同样的信息带来了不同的答案和不同的结果。

为什么我们都是某人的姐夫[①]

想象一个场景：你在平安夜晚餐上谈论自己的工作。假设你聊的是心理学，当你解释自己熟悉的领域时，你的姐夫——已经几杯酒下肚，也憋了好久没说话了——突然开始侃侃而谈为什么要投票给公民党（Ciudadanos），然后纠正你的错误，对你的专业领域发表一通见解，仿佛心理学家是他而不是你。他不管在什么事情上都要装作是懂行的人。在谈论政治和法律时，他是一名法官；如果要谈论体育，他则摇身一变成为一名足球教练（尽管他除了窝在沙发上不参加任何运动）；他还是经济学家、工程师、记者等。如果你是女性，那就更糟了，因为永远不缺男人对你的工作、你的知识领域，甚至诸如来月经、分娩或得乳腺炎之类的事情指手画脚。这种人——套用我妻子的话——活该喝一杯泻药调的自由古巴鸡尾酒。

为什么？这些人为什么会这样？为什么此类行为如此泛滥，以至于成为当代流行文化的一种刻板印象呢？这个现象名为虚幻的优越性，或邓宁 - 克鲁格效应（Dunning-Kruger Effect），后者是为纪念系统阐释它的心理学家大卫·邓宁（David Dunning）和

---

① 西语原文是 cuñado，也可以指妹夫、大伯、小叔等，泛指自己配偶的兄弟，或自己姐妹的男性配偶。——译者注

贾斯汀 · 克鲁格（Justin Kruger）而设。这是一种自我认知偏差（我们之前已经讨论过，如果你还记得的话），我们往往认为自己比其他人优越。这种偏差的程度与我们的认知能力呈有趣的比例关系：事实证明，在某事上能力低下或知识欠缺的人不太可能意识到他们的无知，反而更有可能高估自己的能力；另一方面，在某个领域具有一定专业知识水平的人会意识到自己欠缺的知识或技能，往往能更加客观地看待甚至低估自己的能力[29]。古希腊人很早之前就深悟此道，《柏拉图对话集》① 中切实体现了苏格拉底的智慧，他说："我只知道我一无所知。"

但是世界上只有一个苏格拉底，其他大多数人都是傻瓜。邓宁和克鲁格在文章中用一个精妙的例子解释了虚幻的优越性这一现象。1995 年 1 月，麦克阿瑟 · 惠勒（McArthur Wheeler），一个中年人，身高 1.7 米，体重 122 公斤，光天化日之下在匹兹堡抢劫了两家银行。我们谈论的是一个体质指数高达 43，患有病态肥胖症的人。他平平无奇，不引人注意。此外，他没戴面具，也没做任何伪装。事实上，他走出每家银行前都对监控镜头露出了微笑。作案当晚，警察就将他缉拿归案。当警察给他看清晰地记录下他是抢劫犯的录像时，他大为震惊："我已经抹了果汁。抹了果汁的话……" 他一遍又一遍地重复。惠勒对科学那样无知，以

① 《柏拉图对话集》是柏拉图记述当事人对话的作品，有《申辩》《克力同》《游叙弗伦》《拉齐斯》《吕西斯》《查米迪斯》等著作。它集中反映了苏格拉底死前的思想和生活，其中所探讨的问题，是苏格拉底和柏拉图哲学思想和方法最集中的缩影。—— 译者注

至于他认为，在皮肤上抹上柠檬汁，相机就拍不到他，毕竟柠檬汁可以制造隐形墨水。

这个故事可能有点极端，但它很好地证明了我们的一个行为特点：我们很容易高估自己对一个问题的了解程度，因此总是认为自己对世界的预想是正确的，哪怕事实上它们是错误的、荒谬的、毫无根据的。鲍比·达菲的研究（已在本书中被多次引用）表示，一般来说，在填写民意调查问卷时，一个国家的居民对自己的回答越自信，则答案的误差就越大（我们将在本书的最后一章中补充更多类似的案例）。

谎言重复一千遍就会变成真理

一般认为，“谎言重复一千遍就会变成真理”这句话出自纳粹宣传部部长戈培尔（Göbbels）之口。心理学家将其称为真相错觉效应。科学研究已经多次证实，重复一句话能增加它的可信度。

我们容易相信与固有观念一致的事物；同样，我们也倾向于相信我们熟悉的概念，比如中国长城那个例子。一个概念每重复听到一次，我们对它的熟悉程度就会增加一点，对它的反应也会更快。我们对一个信息越熟悉，越会信以为真。

举个例子，大学生更容易相信某一虚假信息——比如，篮球于1925年正式成为奥林匹克运动会项目——如果你在第一次提及之后隔几周再重复一遍，你会相信这是正确的（真实情况是，篮球第一次成为奥运会正式比赛项目是在1936年）[30]。

实际上，这个定律在政治领域早已不是新鲜事。古罗马传奇人物老加图（Cato）[①]每次都以拉丁文“Ceterum censeo Carthaginem esse delendam”（此外，我认为迦太基必须被摧毁）[②]结束演讲。加图赞成发动第三次布匿战争。同时，作为一位影响力极高的演说家，他很清楚，重复这条信息有助于洗脑其他参议

① 罗马共和国时期的政治家、国务活动家、演说家，公元前195年的执政官。他也是罗马历史上第一个重要的拉丁语散文作家。——译者注

②“Carthago delenda est”这句话更为人所知，即迦太基必须被摧毁。两者都出自老加图之口。

员和罗马人民。其他领导人，像罗纳德·里根（Ronald Reagan），也采用过这项策略来散布谎言。比如他说：美国的犯罪率正在上升——事实恰恰相反。

重复会造成一个奇怪的后果，即名称发音的难易程度会影响我们对事物价值的评估[31]。人们认为，食品添加剂的名称越好读就越安全；名字越好记的公司股票收益更高；更重要的是，名字好读的人被认为更加真诚。我们将记忆和人名发音的容易程度及该人的诚信度联系在一起，因为在传递信息时，“帕科（Paco）告诉你的”比“吉文和奈（Gywyenhereit）先生告诉你的”更顺口，信息处理的便易性能提高它的可信度。因此，如果你有所注意就会发现，我们更喜欢叫演员、灵媒、名人的简称，即所谓的“艺名”。

总结

我们容易被假信息蛊惑，因为我们不是普遍印象中理性的信息处理者。大多数情况下，我们是快速处理器。只不过追求速度是需要付出代价的。

一方面，我们在自然中发现模式的能力往往使我们将不相关的事物联系起来。联系一旦建立，就很难消灭。

此外，我们用感性思考世界。我们相信我们愿意相信的，比如我们是特别的、与众不同的，或者我们周围发生着不寻常的事情。

我们也认为，更容易记住的事情更加真实或重要。

周围人相信什么，我们也相信什么，因为我们具有社会属性，经常以他人的意见为指导。

另一方面，事实证明，我们很不擅长估计事件发生的概率。大量的认知偏差会将我们引入歧途，使我们在计算概率方面出错。

最后，有时大脑和神经系统的运转会让我们产生鬼压床、幻肢痛，或者离开身体用星光体[①]四处遨游的幻觉。

迷信不是一种疾病，也不是智力低下的表现。聪明人和普通人一样会相信无稽之谈，教育也不能阻止人产生荒谬的想法。迷

① 佛教密宗的一种神通术，西方也称它为“星体投射”。—— 译者注

信是信息处理带来的副作用。虽然大部分情况下我们都能正常处理信息（因此我们还在读这本书），但有时我们会出岔子，陷入奇怪的迷思。

参考文献

[1] SKINNER B F. Superstition in the pigeon[J]. Journal of Experimental Psychology, 1948, 38(2): 168-172.

[2] HARDIN G. The tragedy of the commons: the population problem has no technical solution; it requires a fundamental extension in morality[J]. Science, 1968, 162(3859): 1243-1248.

[3] POUNDSTONE W. Head in the cloud: the power of knowledge in the age of google[M].London: Oneworld Publications, 2016.

[4] READ J D. The availability heuristic in person identification: the sometimes misleading consequences of enhanced contextual information[J]. Applied Cognitive Psychology, 1995, 9(2): 91-121.

[5] WISEMAN R, SMITH M. Can animals detect when their owners are returning home? an experimental test of the "psychic pet" phenomenon[J]. British Journal of Psychology, 1998, 89: 453-462.

[6] REDELMEIER D A, TVERSKY A. On the belief that arthritis pain is related to the weather[J]. Proc Natl Acad Sci, 1996, 93(7): 2895-2896.

[7] MARY H. Documents of gestalt psychology[M]. America:

University of California Press, 1961.

[8] FESTINGER L, CARLSMITH J M. Cognitive consequences of forced compliance[J]. The Journal of Abnormal and Social Psychology, 1959, 58(2):203-210.

[9] Schouten S A. An overview of quantitatively evaluated studies with mediums and psychics[J]. The Journal of the American Society for Psychical Research, 1994, 88(3): 221-254.

[10] ROE C A. Belief in the paranormal and attendance at psychic readings[J]. Journal of the American Society for Psychical Research, 1998, 92(1):25-51.

[11] ROWLAND L. The Full Facts Book of Cold Reading[M]. London: Ian Rowland Limited, 1998.

[12] FORER B R. The fallacy of personal validation: A classroom demonstration of gullibility[J]. Journal of Abnormal Psychology, 1949, 44(1): 118-121.

[13] ROSS M, SICOLY F. Egocentric biases in vailability and attribution[J]. Journal of Personality and Social Psychology, 1979, 37(3): 322-336.

[14] MYERS D G. Explorando la psicología social[M]. Madrid: McGraw-Hill, 2008.

[15] HASTORF A H, CANTRIL H. They saw a game: a case study[J]. The Journal of Abnormal and Social Psychology,

1954，49(1)：129-134.

[16] NAFTULIN D H，WARE J E，DONNELLY F A. The Doctor Fox lecture：a paradigm of educational seduction[J]. Journal of Medical Education，1973，48(7)：630-635.

[17] BOTVINICK M，COHEN J. Rubber hands “feel” touch that eyes see[J]. Nature，1998，391：756.

[18] RAMACHANDRAN V，BLAKESLEE S. Fantasmas en el cerebro：los misterios de la mente al descubierto[M]. Madrid：Debate，1999.

[19] BLACKMORE S J. Where am I? perspectives in imagery，and the out-of-body experience[J]. Journal of Mental Imagery，1987，11(2)：53-66.

[20] MORI I. Margins of error：Public understanding of statistics in an era of big data [EB/OL]. London，2013.

[21] REAS E. Our brains have a map for numbers[EB/OL]. Scientific American.(2014-01-14).

[22] MURRAY H A，WHEELER D R. A note on the possible clairvoyance of dreams[J]. Journal of Psychology，1937，3(2)：309-313.

[23] LILIENFELD S O，WOOD J M，GARB H N. The scientific status of projective techniques[J]. Psychological Science in the public interest，2000，1(2)：27-66.

[24] CHATER N. The mind is flat[M]. London: Penguin Books, 2018.

[25] TVERSKY A, KAHNEMAN D. Judgment under uncertainty: heuristics and biases[J]. Science, 1974, 185(4157): 1124-1131.

[26] ARIELY D, LOEWENSTEIN G, PRELEC D. Coherent arbitrariness: stable demand curves without stable preferences[J]. Journal of Economics, 2003, 118(1): 73-106.

[27] ITO T A, LARSEN J T, SMITH N K, et al. Negative information weighs more heavily on the brain: negativity bias in evaluative categorizations[J]. Journal of Personality and Social Psychology, 1998, 75(4): 887-900.

[28] DUFFY B. The perils of perception: why we're wrong about nearly everything[M]. London: Atlantic Books, 2018.

[29] SCHLÖSSER T, DUNNING D, KRUGER J, et al. How unaware are the unskilled? empirical tests of the "signal extraction" counter explanation for the Dunning-Kruger effect in self evaluation of performance[J]. Journal of Economical Psychology, 2013, 39: 85-100.

[30] HASHER L, GOLDSTEIN D, TOPPINO T. Frequency and the conference of referential validity[J]. Journal of Verbal Learning and Verbal Behavior, 1977, 16(1): 107-112.

[31] NEWMAN E J, SANSON M, MILLER E K, et al. People

with easier to pronounce names promote truthiness of claims[J/OL]. PLOS ONE，2014，9(2)：e88671.

第三章

飞碟没来，但我才不是傻子

我们相信自己明知是虚假的事实。总有一天，证据会揭示我们的错误，但我们仍有能力无耻地扭曲事实，以证明自己是对的。理论上讲，这个过程可以无限持续下去。唯一能遏制它的是，虚伪的信念迟早会撞上确凿的事实，并且通常是在战场上。

——乔治·奥威尔（George Orwell，1946）

故大邦以下小邦，则取小邦；
小邦以下大邦，则取大邦。
—— 老子谈论“完人”的概念[①]

①原文引自史蒂芬·米切尔（Stephen Mitchell）翻译的英语版《道德经》，此段直译为中文是：“一个伟大的国家具有高尚的品格：能意识到自己犯错、不惮于承认，并加以改正。视施予批评的人为仁师。”——译者注

我们已经了解，声称自己是理性的、自己看到的事物都是实际存在的，是多么不可靠。但是，除了迷信之外，还有一个更令人迷惑的问题：即便最确凿的证据摆在我们面前，我们还是会相信那些无稽之谈。

一般来说，给我们提供相反的证据不会削弱我们对错误信念的信任，反而会使之加强。接下来我会聊聊相关案例，关于发明招魂术这一众所周知的骗术的神棍们的生活，以及为什么有人相信灵媒（甚至还有一定威望）可以直接或间接利用通灵板、自动书写及其他手段间接与亡魂交流。

招魂术和证据无效论

1848 年 3 月 31 日，美国纽约州的小镇海德斯维尔发生了一件非常不寻常的事情[1]。1847 年年底，福克斯（Fox）一家，约翰（John）、玛格丽特（Margaret）和他们十一岁的女儿凯特（Kate）、十四岁的女儿玛格丽塔（Margaretta）搬到了小镇上。他们安顿下来不久后，奇怪的事情发生了。床架和椅子有时会无缘无故地摇晃，在房子的每个角落都能听见幽灵般的脚步声。还有一次，用福克斯的话来说，整个房子的地板“像鼓皮一样振动”。

由于没有找到这一切发生的明确原因，这一家人——和我们大多数人一样——没有静观其变地认为“哇，我还找不到解释，所以在新的证据出现之前我先不贸然决断”，反之迅速得出结论：房子里住着一个痛苦不安的鬼魂。

3 月 31 日晚上，他们像往常一样很早就上了床，想看看那晚鬼魂会不会让他们好好休息。几分钟后，狂欢开始了。由于凯特已经受不了夜夜失眠，她决定尝试与灵魂交流，看看他们是否能明白她的诉求，停止吵闹。凯特问断足先生①是否可以模仿她的动作。她拍了三次手，然后鬼制造了三次猛烈的叩击声，仿佛是从墙壁里传来的。妈妈玛格丽特请求鬼按照她女儿们的岁数进行敲击，然后依次听到了

① 女孩给鬼随便起了个名字——Mr.Splitfoot。

十一次和十四次，最后还又敲了三次。这是为什么呢？因为鬼魂知道玛格丽特有过第三个孩子，很久以前那个孩子在三岁时去世了。

这家人整晚都在与鬼魂交谈，并发明了一个现今通用的规则："一次是，二次否"。最终，他们得出结论，鬼魂是一个三十一岁的男人，几年前在房子里被杀害，尸体埋在地下室①。第二天晚上，约翰·福克斯开始在地下室进行挖掘，好奇是否能发现尸体，但他挖到地下水位线之后不得不停止了。

故事自然而然地被散布了出去，数百人前往镇上亲身感受鬼魂的叩击。从那时起，正如鬼故事里的常见情节，福克斯一家开始遭遇不幸：玛格丽特的头发开始早白，约翰因为残疾不得不放弃工作。最后，考虑到全家人的未来，夫妻二人决定让孩子们远离那所房子，因此把她们送到了两个邻近的城镇：凯特去了奥本，在她已婚的阿姨莉亚（Leah）家生活；玛格丽塔去了罗切斯特，住在叔叔大卫（David）的家。

但这无济于事。鬼魂跟着她们，无论她们走到哪里都会出现敲墙声。在罗切斯特，一个名为艾萨克·波斯特（Isaac Post）的人想出了一个比敲墙更准确的交流方式。他发明了一种类似通灵板的东西，用写着二十六个字母的纸片制成。他先问问题，然后按顺序一个一个指字母，当他指到正确的字母时，鬼魂敲墙一次。

---

①一个著名的文学典故来源于此：要想鬼停止对你的骚扰，你必须把他的遗体埋葬在一块圣地。为什么鬼总是发出神秘的嘎吱声，而不是简单明了地表达诉求？这是另一个未解之谜。

可见没有文盲鬼。

鬼魂学会了这个方法，并留下了这样的信息：

> 亲爱的朋友们，你们必须向世界宣扬这个真相。新时代的曙光已经降临。你们无须继续隐藏它。当你们履行自己的义务时，上帝会庇佑你们，善良的灵魂会守护你们。

要我说，这看起来像是福勒效应。艾萨克大为震惊，决定到处宣扬他发明了通灵术。他不认为他的新信仰与过去信奉的贵格会[①]有冲突。这个细节在当时很重要。

招魂术与既定宗教相比有很多优势。在一个痴迷于科学的时代，不仅有经验主义证明彼世是存在的，还可以轻松与死者交谈。招魂术的热浪席卷了美国。福克斯姐妹声名鹊起，开始出现在各种公开和私人节目中，和鬼魂谈论各种话题——因为鬼魂也是“姐夫”，他们什么都知道。他们讨论上流社会的八卦、铁路、政治、宗教、哲学……只有你想不到的，没有他们不知道的。

除此之外，这些鬼魂也是进步人士，分享了许多贵格会的价值观：他们支持消除奴隶制、反对酗酒、支持妇女权利。你现在能理解为什么在宗教信仰中，领袖总是跟你喜欢和反感相同的事情了吧。招魂术和贵格会没有等级制度，鼓励信徒们举行自己的

---

①贵格会没有成文的教义，依靠圣灵的启示引导信徒的宗教活动与社会生活。——译者注

聚会、尝试用自己的方式与死者交流，也不设置牧师。这些措施极大地推动了它们在欧洲和美洲的传播。当时最常见的媒介还不是通灵板，而是一种叫作“旋转桌”的装置——一张小木桌，参与者将手轻轻地放在上面，直到鬼魂让桌子在房间里旋转和移动。

与此同时，福克斯姐妹的境况逐渐恶化。不断增长的市场竞争压力对她们产生了很大冲击。直至1888年，她们已经堕落成失去理智的酒鬼；甚至同年10月，她们去纽约发表了一个惊人的声明：玛格丽塔以一千五百美元（如今超过四万美元）的价格出售了一条独家新闻——一切都是她和她妹妹编造的。当时她刚刚皈依天主教，无法承受心中的愧疚。根据她的叙述，她们上床睡觉的时候把一个苹果系在一根绳子上，然后上下移动绳子，使苹果撞到地上，或者让它自由落下，在地面上回弹的时候会发出奇怪的声音。她们的母亲没有怀疑她们，以为她们还太年幼，不会说谎。她们只能在晚上这样做，所以白天，她们设计了另一种制造叩击声的方法：她们通过练习，可以完美控制膝盖，调节足部肌腱的肌肉。通过这种方式，她们可以在没人发现的情况下叩击地面，因为这样不用移动腿。玛格丽塔最后宣布：

> 招魂术是最糟糕的骗局……我希望看到它被彻底抛弃的那一天。在妹妹凯特和我揭穿它之后，我希望它能受到惩罚。

玛格丽塔就此成了人们嘲笑的对象。

尽管姐妹俩公开展示了她们制造噪音的技巧，但只成功地让当时大约八百万美国的招魂术师抛弃了她们，却没有抛弃招魂术。显然，绝大多数人都坚信能与亡故的亲人交谈，并且不会让两个酒鬼妨碍他们，即使她们是招魂术的发明者，也理应是最了解其工作原理的人。尽管玛格丽塔试图力挽狂澜，却无计可施：两姐妹的后半生穷困潦倒，最后合葬在一个公墓里①。

类似的事情在不断发生。如果你有一个相信顺势疗法的朋友，不管你用多少研究向他证明都没有用，他都不会听，因为他会为它找出各种借口：其他制药公司欺骗了大众，因为全球最大的顺势疗剂生产和分销商宝弘公司是一家产品名录过百万的制药公司，并且还在不断扩张；让我们生病是政府的阴谋；顺势疗法是有用的；它没有什么害处……类似的事情不断重复上演。人们目睹自己相信的东西是骗局，却不肯悔改。这是为什么？我们总是无法正确认识现实，又或者我们会混淆是非，但当我们得到清晰真实的数据时，难道不应该改变主意吗？

不会。

重复一遍：我们不会。

历史上最重要的社会心理学家之一——利昂·费斯廷格提出了对这一现象的解释。他在 1956 年出版了一本重要的书，名为《当预言失败时》[2]。

---

① 有意思的是，理查德·怀斯曼指出一个事实：她们从未参加过任何降神会（一种尝试和死者沟通的集会）。

飞碟之母

费斯廷格和他的伙伴在报纸上读到了一则引人注意的新闻，标题为“克拉里昂星对我们城市的预言：洪水来了，快逃（*Profecía del planeta Clarión para nuestra ciudad: escapad del diluvio*）”。根据这则预言，1954 年 12 月 20 日午夜，一个飞碟会造访“探路人”团体领导者（灾难预言者）的家，把“探路人”的信徒带走，使他们免于当晚降落的、无休止的、将摧毁整个世界的暴雨。这个团体的信徒有别于其他教派，他们不传教，对吸引新成员不感兴趣，而且通常避免宣传。

预言的提出者是多萝西·马丁（Dorothy Martin）（费斯廷格将她的名字匿名，称她为玛丽安·基奇。我们也继续使用此代称，因为这是文学作品里常使用的名字）。基奇是芝加哥的一名家庭主妇，练习一种叫“自动书写”的招魂术。自动书写时，灵媒接受灵魂的指令，开始书写，书写的笔迹通常与灵媒本人不同，而且灵媒处于无意识状态，因为她被传递信息的灵魂附身了。必须承认，用笔记录信息肯定比四处敲打墙壁更有效，也不会扰民。根据费斯廷格的描述，一年前，有一次基奇醒来时感觉右臂发痒并且发热，还感觉有人在使劲吸引她的注意，于是她拿起纸和铅笔开始写字。由于她十分熟悉那个笔迹，但又肯定不是她自己的，于是她要求让她代笔的人坦露身份。

那是她的父亲。黑武士达斯·维德（Darth Vader）[1]的灵感可能就是从这里来的。

我多次在有关招魂术的讲座上重复说一件事：迷信像吸毒一样会上瘾，只有零次和无数次。基奇也不例外：她已经参与各种神秘主义活动很多年（超过十五年）。她信奉神智学，同时参加了几个教派，并一度与拉斐特·罗纳德·哈伯德（Lafayette Ronald Hubbard）的戴尼提运动——科学教的前身——有关联。事实上，有一个科学教的"陪审员"为了实施某种精神净化，在她的房子里住过一段时间。她吸收了某些科学教的教义，尤其是有关外星人的理论，以及人对出生时甚至出生前的经历有记忆等。她开始自动书写时，已经迷恋外星人和飞碟有一段时间了，不过这没什么奇怪的，因为外星人的话题在当时非常盛行。这一点也很重要：大多数时候，人们迷信的对象与当下或当地文化中流行的元素和想法有关。

事实上，基奇从父亲那里接收的第一条信息是一件无关紧要的琐事：她死去的父亲指导她的母亲春季应该种植什么。但她坚持磨练自己的通灵能力，然后开始接收到来自克拉里昂星和塞露斯星的信息。不久之后，萨南达（Sananda）出现了——他变成了超级赛亚人，收集了七个龙珠[2]，然后化身为当代的耶稣。最后，

① 系列电影《星球大战》（*Star Wars*）前传三部曲中的男主角，感兴趣的读者可以去看看。——译者注

② 收集龙珠是我编的。

萨南达让基奇告诉其他人她有通灵能力。就这样，她一点一点地组成了一个小团体（看来她不太具有说服力）。值得一提的是，基奇的丈夫从未参与过她的小团体。他虽然不相信外星救世主一类的无稽之谈，但同意小团体在家里聚会，允许他的妻子举办活动，只要不打扰到他就行。根据费斯廷格描述，这名男子在一家物流公司担任运输主管，不允许自己的作息受到丝毫干扰。

费斯廷格在书中对基奇的团队成员进行了更详细的描写。他们有一些共同特点，冷静、不惹是生非、对神秘主义极感兴趣，在多个群体中进行过实践，有过多个信仰，因此完全接受和认可基奇的主张——有善良的外星人正在与地球交流。正如之前所说，该团体避免各种宣传，仅向能够获得成员信任、可以证明自己是严肃的信徒的人开放。团体很少接受采访，即使接受也很勉强。费斯廷格看到的那篇新闻就很难得。

费斯廷格需要的条件

费斯廷格和他的团队一直在努力研究，为什么当一个人的信仰被戳穿时，他非但不改变自己的看法，反而更加坚信不移。“探路者”为费斯廷格提供了一个绝妙的机会：他们吸纳了一众信徒，做出了一个能验证的预言，因为预言明确了洪水降临的日期和时间（研究人员当然希望预言不会成真）。如此一来，费斯廷格团队可以验证信徒是否如他们所料，不仅不停止迷信，反而变得更加狂热。要做到这一点，必须满足以下条件（好像都满足了）：

信仰必须有强烈的信念支撑，而且必须能影响到行为层面，也就是信徒的表现。典型的冷淡教友——不参与宗教仪式的信徒——不算，因为这部分人的信念不够坚定。信徒们会开展一些活动，如定期聚会、遵守一定的行为准则等。

信徒一定要对自己的信仰做出承诺：他必须完成一些重大且不可反悔的举动，如大额捐款、与家人分离等。行为后果越严重，越难以挽回，就越能证明信念坚定。很多信徒不仅辞掉了工作，还变卖了财产。

信仰要足够具体，并且在现实世界中可充分被察觉，这样才能用事实证伪。在这个例子里，世界末日有一个确定的日期和时间。

证伪必须有事实证据，而且信徒必须承认证据不可反驳。在这个例子中，飞碟没有在预测的时间点出现，或者说飞碟根本不存在。

信徒必须有社交关系支持。一个孤立的信徒不可能有能力进行辩驳。但是，如果信徒属于一个宗教团体，团体内能相互支持，那么信仰就有可能得到维护，信徒传教（说服非信徒相信他们的原教旨是真理）的热情更加高涨。例子中的“探路者”团体符合此要求。

然后呢？费斯廷格的做法符合一个优秀的社会科学研究员所要求的：他与一些伙伴一起亲自渗透到团体中观察情况。他们做了不少事。

所谓的“末日”降临前，基奇已经有过几次失败的教训。至少有两次，她在奇怪的时间点带领信徒前往某个地方目击不明飞行物或其他神秘物体，但是外星人从未出现过。尽管基奇声称，有一次他们看到远处有一个人经过，她的直觉告诉她，那一定是一个伪装的外星人，可能在对面观察他们。由于基奇为外星人为什么没有出现提供了基本合理的解释，所以不能说教义崩塌了。但是当世界末日的确切消息一宣布，费斯廷格就知道，这一次已经没有回旋的余地了。

我人生中重要的一夜

1954 年 12 月 20 日晚上，“探路者”团体聚集在基奇家里[①]。根据她收到的指令，一个外星人会到来，把他们护送到飞碟上，带他们去别的星球。该团体的成员取下衣服上的所有金属物品，包括拉链、扣眼等[②]。此外，当时许多成员已经辞掉了工作，变卖了房屋和财产，还丢弃了所有他们不需要的东西……嗯，几乎所有东西。

午夜 12 : 05，外星人还没有出现。由于客厅里的另一个钟显示 11 : 55，所以大家一致认为午夜还没到。

午夜 12 : 10，第二个钟已经显示零点了，外星人还是没有来，这总不可能是因为交通堵塞。这时，距离灾难降临只有不到七个小时，所有人都沉默不语。

时间一分一秒过去。凌晨四点整，基奇哭了，她终于承认飞碟没来，也不会来。她试图提出一些合理的解释，但没有人相信她。一些团队成员（一对夫妇）似乎放弃了信仰并离开了，但大多数人仍待在原地，不知道该怎么办。

凌晨 4 : 45，基奇突然意识模糊，进入自动写作状态，转达

① 她的丈夫很快就上楼睡觉了，因为他第二天要早起上班，养家糊口，不管有没有洪水。

② 我们要记住，这件事和罗斯威尔事件——有人认为，来自一个非常先进文明的宇宙飞船可能会因为风暴干扰传感器而坠毁——发生在同一个时代。

了萨南达和守护者的信息：鉴于该团体的虔诚和承诺，地球之神决定拯救地球免于毁灭，因此不会发生灾难。“信徒如斯，整夜静坐冥思，释放出耀眼圣光，因此上帝决定拯救世界免于毁灭。”我猜想，费斯廷格和他的伙伴肯定大跌眼镜。

从那一刻起，该团体完全改变了之前的做法，开始了非常积极的传教活动。信徒们遵照新的规范，只要一有机会就接受采访，还尽可能地广泛传播他们的教义。他们不仅没有抛弃“探路者”，反而更加热情高涨。

有一段时间，“探路者”到处热切宣扬他们的信条。后来，有人威胁基奇要把她关进精神病院或逮捕她，于是她离开了芝加哥。她创立了萨南达和萨纳特·库马拉协会（Sanat Kumara），改名为塞德拉修女，继续参加有关不明飞行物和唯灵论的团体，直至1992年去世。她创立的协会在今天依旧活跃。

那些离开团体的“探路者”们也几乎都没有放弃信仰。他们只是认为基奇没有那么强大，或者被她骗了，但他们仍然相信外星人、招魂术等。

为什么会这样呢？利昂·费斯廷格将它归结于认知失调，它被认为是社会心理学最重要的发现，也是心理学史上最重要的发现之一。

认知失调及其无限力量

许多认为自己理性的人相信，如果自己的看法被证明是错误的就会修正自己的观点。而现实中他们并不会这样做，甚至会更加坚定地为自己的立场辩解。费斯廷格将这种行为归因于认知失调。用卡罗尔・塔夫里斯（Carol Tavris）和埃利奥特・阿伦森（Elliot Aronson）的话来说，或者更确切地说，解决这种失调的必要，是“驱动自我辩解的引擎，产生合理化自身行为和决定的动力（尤其是错误的决定）”[3]。

认知失调，是指我们同时拥有两个不一致的心理认知（想法、态度、观点、信念）时产生的不愉快的感觉。吸烟者是一个经典的例子：吸烟者一边想“吸烟对健康有害，可能会要了我的命”，一边又想“我一天只抽两包”。这两种对立的想法表明，例子中的吸烟者是自相矛盾的，所以他患有认知失调；这也不符合一个理性的、不会故意伤害自己的人会有的想法。

失调可以表现为短暂的、非常轻微的不适（比如晚上你在空无一人的街道闯红灯时），以及极度的痛苦（我们做了后果非常严重的事情时）。我们矛盾的情绪使自己不愉快，因此我们想用各种方式减少消极情绪。

我们怎么做才能感觉自己不那么愚蠢

我们可以用不同的方式处理这些矛盾，最典型的是改变我们的行为。如果吸烟者停止吸烟，他们就不会再经历认知失调，自我感觉会变好。但是，戒烟非常困难，很可能不会成功。所以很多时候，当吸烟者戒烟失败后，他们会说服自己：吸烟并没有那么糟糕；人必有一死；抽烟能让人放松，是有意义的；如果戒烟的话会长胖……以缓解失调。

费斯廷格的理论启发了数百个实验，但它们已经超越了心理学范畴，进入流行文化层面。在互联网的战场上不断有人抛出这个概念，他们将认知失调视为一种疾病。但事实并非如此，这只是一个正常的人类行为。

确认偏差的强大力量

我会考虑任何能够佐证我的固有观点的额外证据。

——莫尔森勋爵（Lord Molson，1903–1991），英国政治家

在上一章我们了解到，很多时候我们处理信息的方式不合逻辑，还会观察到不存在的事物。然而，认知失调不仅会影响我们的固有观点，甚至会影响我们处理新信息的方式。

如果新信息与固有信念一致（即匹配），那么我们认为该信息是有依据的、有用的和重要的。但是，如果新信息与固有信念不一致（即对立或不协调），我们会想办法批评、质疑或忽略它。

关注与固有信念一致的事实，而忽略与之对立的事实的倾向，被称为确认偏差[4]。正如我在前一章中提到的，它是最普遍和最强大的行为现象之一。确认偏差是认知失调的解决方案，它是解释我们为什么相信谣言、为什么在确凿的证据面前死不悔改的关键。

如果两名政客在电视辩论中争吵起来，双方的支持者眼中的画面会完全不同。每个人都会认为他们喜欢的政客赢了。用美国喜剧演员莱尼·布鲁斯（Lenny Bruce）的话来说，即使一名政客看着镜头说："我是小偷、是罪犯，你们听到了吗？我是最糟糕的总统竞选人。"他的支持者也会称赞他："你们看，这是一个真诚的人。一个人必须有足够的勇气才会承认这些。他就是我们需要

的总统。”①

如果我们了解认知失调和确认偏差的作用机制，本章开头提到的那些现象——福克斯姐妹坦白自己编造了招魂术，但她们的追随者不相信——就合理了，能轻松得到解释。同样，我们也能理解“探路者”在飞碟失约以后的所作所为。在这两个案例中，信徒的行为受强大信念的支配，所有日常活动都围绕教义展开。此外，他们对自己的信念做出了承诺，如公开传教、辞去工作投身运动等，往往伴随着巨大的个人牺牲。团体归属感是他们信仰的基石，正如第二章提及的阿希实验证明的那样，作为团体一员，共同信仰比个人观点更加难以撼动。

所以现在，请你们想象自己是唯灵论教会的成员，你们虔诚地相信那些乱七八糟的东西。你为参加降神会、与旋转桌交谈已经投入了大量的时间、金钱和精力。你已经远离了传统社会，并受到了传统宗教（仍然占主流）的批评；你已经被贴上了疯子和崇魔者的标签。然后，福克斯姐妹告诉你，你经历过的一切不过是一种暗示、一个骗局，你们是一群白痴和小丑。你内心遭受了重大打击，你不能接受，必须想办法解决这个严重的失调。是的，也许一部分招魂术的旧信徒选择不再相信超自然现象，比如前一章提到的苏珊·布莱克莫尔，但大多数人选择通过维持信仰、寻

① 事实上，莱尼·布鲁斯描述的是尼克松和肯尼迪之间的一场著名辩论，以及他们的支持者的反应。但这些描述放在当今的政客身上依然准确[5]。

找借口来解决他们的认知失调。福克斯姐妹说的怎么可能是真话呢？我明明自己亲身感受过灵魂的存在，它们说了一些只有我才知道的事情[①]。此外，她们是两个酒鬼，为了出名不顾一切，显然她们是喝多了在胡说八道。可怜的人啊，鬼魂已经混乱了她们的心智。她们的例子教导我们，与鬼魂交流时一定要谨慎小心。

如此一来，福克斯姐妹关于一切都是编造的坦白反而证实了招魂术的真实性。

费斯廷格研究的“探路者”也是如此。他们中的许多人已经远离了家人和朋友，辞掉了工作，甚至卖掉了房子。事实上他们已经一无所有。他们无法接受如此巨大的落差，因此，当基奇用萨南达和守护者的信息做借口，说他们的信仰拯救了世界时，绝大多数人抓住了这根救命稻草，然后在确认偏差的作用下缓解失调。

认知失调和确认偏差不只多见于神秘主义信仰，在政治中也无处不在。2003 年，当证据明确显示伊拉克没有，也从来没有过大规模杀伤性武器时，支持海湾战争的民众是怎么想的呢？对于民主党的支持者而言，解决失调很容易：共和党人一如既往地弄错或撒谎，因此在这么重要的议题上被骗不是我的错。但是对于共和党人而言，消除这个失调要困难得多。超过一半的人根本拒

① 在降神会上，传奇科学家迈克尔·法拉第（Michael Faraday）证明，参与者移动旋转桌、通灵板或其他东西是不自觉行为。这些下意识的肌肉收缩，即“意念运动”，解释了为什么灵魂能如此准确地回答只有参与者知道的事情，因为这是参与者自己做出的回应。

绝接受真相。

这个数据来源于一份民意调查。据实施调查的机构“知识网络”（Knowledge Networks）的负责人说：“部分美国人可能会因为支持战争而过滤掉‘没有发现大规模杀伤性武器’的信息。鉴于该话题的密集报道与极高的公众关注度，这种程度的信息操纵意味着部分美国人想避免认知失调。”[①] 我能肯定他们的目的就是这个。

在西班牙也发生过类似的事情。多年以来，有不少贪腐行为频遭披露，掌控国家和自治区各机关的主要政党深受影响。然而，这些政党的选民即便目睹喜欢的政客舞弊，或者犯了其他罪，也不会修改投票。也就是说，很少有人通过修改投票来解决他们的认知失调。他们的理由是：反正别人也腐败，甚至更严重。所以他们认为这根本不算事，“天下乌鸦一般黑”等。如今，尽管证据确凿，仍然有人坚持认为 2004 年 3 月 11 日的马德里恐怖袭击是埃塔（ETA）[②] 所为。鼓吹阴谋论的人当中有不少是政客，所以至少在这个例子中，我们能推测，他们的目的可能是为了获得一些选举上的优势，而愚从的普通公民纯粹是出于认知失调。

这种思维被称为动机性推理[6, 7]。德鲁·韦斯顿（Drew

① 2003 年 6 月 14 日，马里兰大学的史蒂文·库尔（Steven Kull）在民意调查《许多美国人不知道没有发现大规模杀伤性武器》（*Many Americans Unaware WMD Have Not Been Found*）的结果中如此评论。

② 巴斯克语中的 Euskadi ta Askatasuna，即巴斯克祖国和自由，简称埃塔（ETA），是西班牙和法国交界处的巴斯克地区的一个分离主义恐怖组织。

Westen）和他的团队发现，当主体接收到不一致的信息时，主要负责分析推理的大脑区域的活跃度会降低；当感知到一致的信息时，与积极情绪相关的大脑区域会被高度激活。

阅读矛盾的信息可以加深你对自己观点的认同[8]。在一个经典并得到广泛复制的实验中，研究者根据被测试者支持或反对死刑来进行实验，被测试者需要阅读两篇论证清晰、论据充分的关于死刑是否能减少暴力案件发生的学术文章。其中一篇文章的结论是肯定的，而另一篇文章是否定的。如果被测试者是理性的，他们应该会认为，这是一个复杂的话题，目前尚不能得出确切结论。他们的观点应该趋同。但费斯廷格的理论预测，人们会歪曲这两篇文章，寻找理由为自己支持的观点辩护，消灭反对观点，从而强化固有观念。而这正是实验的结果。

此外，确认偏差会使我们认为，没有证据就是最好的的证据。

20世纪40年代，二战期间，富兰克林·德拉诺·罗斯福（Franklin Delano Roosevelt）总统决定把数千名居住在美国的日裔公民（其中大部分住在西海岸）关押进集中营。之所以做出这一决定是有传言称，日裔公民正计划从内部破坏美国。但是，整个事件从头到尾都没有出现任何证据表明传言中的阴谋正在发生，或已经发生，而且这项污名至今未得到证实。美国西海岸陆军司令约翰·德维特（John DeWitt）将军承认，他们没有掌握某个日裔公民叛国或蓄意破坏的证据。所以，那些捏造的暴行是如何成真的呢？好吧，老手段了，纯粹靠强制逻辑——“尚未发生的破坏事实令人十分不安，因为这就意味着，破坏即将发生”[9]。同样，联邦调查局找不到任何撒旦教在美国屠杀婴儿的证据，但那些早就深以为然的人并不在乎这一点①。找不到证据恰好说明可恶的撒旦教徒是多么的熟练和狡猾：他们正在连骨带皮地吞噬婴儿——这就是发现不了尸体的原因。至今还有人因为撒旦教的指控坐牢。

---

① 一篇题为《美国撒旦恐慌史——以及它为什么还没有结束》（*The history of Satanic Panic in the US – and why it's not over yet*）的文章对这一事件进行了很好的总结，我们之后在解释错误记忆的时候还会再提这个话题。

过去的，已经发生了

如果我们做出的决定不可撤销，我们降低认知失调的需求就会增加。比如买了一件 T 恤，有人说我们穿着不合适（我们也觉得他说得有道理），这时我们可以通过赠予或退货轻松减轻失调的感觉。在这类情况下我们肯定能保持理性，至少在我们信任意见人的品位时可以做到。

但如果一个决定难以或根本不可能撤销，我们将更加肯定它是正确的。有一个非常有趣的实验，它以赛马彩票的购买者为研究对象证明了这种效应。赛马彩票一旦下了注就不能后悔，购买者必须接受结果。在一次实验中，研究人员采访排队等待下注及刚刚下好注的人，询问他们对自己赌赢有多大信心。已经下好注的人比还在排队的人更加自信。如果我们无法撤销某些行为，我们会更加确信自己做了正确的事情。

这给我们提供了一个很好的建议：当你要做出重要决定或支出大笔开销的时候，不要听刚做过同样的事的人的意见，因为那个人一定会劝你和他一起行动。

认知失调让我们变得更加暴力

在为自我行为辩护的需求的诱导下，我们可能会做出平时自己认为不可能做的、可耻的事情。通常，当我们想到恐怖分子、纳粹集中营的守卫、虐待孩子或配偶的人时，我们往往觉得他们一定有精神障碍。但实际不一定是这样的。认知失调会使我们变得越来越暴力，因为我们需要合理化自己的暴行。为了消除暴力带来的愧疚，我们只能变得更加暴力。

在我们的文化中存在一些根深蒂固的、愚蠢的精神分析理论，其中之一是以某种暴力的方式发泄，比如摔东西、对着垫子尖叫、打沙袋等会让我们放松，降低自己的攻击性。因此人们为了发泄，购买了许多娃娃、课程和经验分享。

和整套精神分析理论一样，“宣泄”是一个非常文学性的想法，没有任何证据支持。此外，几十年以来的研究表明，它的作用恰好相反。当我们暴力地发泄情绪时，只会感觉更糟，并且更加愤怒[10]。

根据认知失调理论，当我们以某种方式攻击另一个人时，我们会产生强烈的、正当化自我行为的需求，因为暴力与我们的自我认知——理性、不会伤害无辜——相冲突。解决这种失调的最简单方法是，说“对方活该”。此外，认知失调理论还认为，一旦我们开始对人不友善，暴力就会升级。如果我们认为对方是邪恶的或者应该受到惩罚的，或者认为我们对他过于宽容，就会顺理成章地产生“他应该受到更厉害的惩罚”的想法，由此我们升级暴力的欲望就会增强，毕竟我们过去太仁慈了。因此，即使没有精神疾病，我们也会陷入自己从未想象过的地步。

第一个证明这个观点的实验让研究者本人也十分意外。哈佛大学的精神分析学家迈克尔·卡恩（Michael Kahn）原本想证明宣泄手段的好处[①]。为此，他设计了一个简单的实验：他穿上白大褂伪装成医生，为不同学生测血压。测量时，卡恩假装不高兴，对学生破口大骂。学生们生气了，自然而然他们的血压上升了。一个实验小组的学生可以向卡恩的主管投诉，发泄挫败感；另一个小组的学生则不可以投诉。然后，该实验评估了学生们对卡恩的反感程度。

按照原来的假设，那些有发泄出口的学生应该更加冷静。然而，宣泄的方法失败了。提出投诉的学生比没有投诉的学生更讨厌他。此外，宣泄愤怒使他们的血压进一步升高，而其他人则很快就恢复正常[11]。此后，类似的结果不断重复。

暴力行为会促使人产生自我辩护的需要，进而引发更多的暴力。然而，这个循环也可以反向进行：自我辩护的需求也可以创

---

① 与往常一样，当有人试图科学地证明精神分析的有效性时，他们就会碰一鼻子灰，尽管有时也有成果。亚伦·贝克（Aaron Beck）开发了抑郁症认知疗法，试图证明精神分析疗法的功效。卡恩也一样。这样做的研究者多得数不过来。而精神分析对心理学的全部积极贡献在于：它提出的观点都是错的。

造良性循环。正如我们可以走向破坏的极端，我们也可以产生更多亲社会行为。下一个现象会解释，我们如何在无意识的情况下改正观点。

富兰克林效应

本杰明·富兰克林（Benjamin Franklin）是一个非常著名的人，他是一位多产的发明家和作家（避雷针等的发明者）、美国大使、100美元和50美元纸钞上印的人像、美国开国元勋之一。作为一个从政者，他明白广泛社交的重要性。同时，由于他对人类行为有很高的敏锐度，他发明了一个对他有所帮助的技术。

在宾夕法尼亚州担任公共代表时，富兰克林了解到，另一位立法者对他评价很差。所以富兰克林决定，必须要和他成为朋友。富兰克林最终做到了，但不是通过为他服务、借钱给他或者讨好他。富兰克林只是请他帮了个忙：从他的私人图书馆中借一本相当稀有的书。

那位立法者出于礼貌借给了富兰克林那本书。一周后，富兰克林归还书籍，并附上了感谢信。下一次见面时，这位“旧敌人”对他的语气变得亲切许多，甚至对他说，有什么困难就找他帮忙。

为什么？因为他在“我觉得富兰克林是个白痴”和“我出于教养借给白痴一本珍贵的书”之间产生了认知失调。两者是矛盾的，他本不应该把书借给不喜欢的人，这会显得自己非常愚蠢。因此，改正对他人（这里指富兰克林）的看法可能是个解决方案：“毕竟，这个富兰克林应该为人不错，对吧？否则，我为什么要帮一个笨蛋？因此，他不可能是笨蛋，应该是一个值得帮助的好人。”

这个效应已经得到了实验的证明。简而言之，这些实验的框架是，研究者要求被测试者结束实验后返还酬劳。举个例子，几名大学生参加了一场比赛，赢得了一大笔钱。之后，研究人员找到三分之一（第一组）的学生，告诉他们，实验一直依靠自己的资金进行，眼下经费即将耗尽，所以实验可能要提前结束。然后他提出："能私下帮我一个忙，把你赢到的钱还给我吗？"所有学生都同意了。第二组（另三分之一的学生）收到了归还奖金的请求，但该请求不是研究人员作为个人提出的，而是部门秘书提出的，她解释说机构的经费即将耗尽。学生们也都同意了。最后三分之一的学生没有被要求返还任何东西。有趣的是，当参赛者被要求对研究人员做出评价时，第一组对他的评价要高得多，认为他更加友善、能力更强[12]。随着时间的推移，正如富兰克林效应预测的那样，第一组学生通过内心假设帮助了一位好人，解决了不得不返还一大笔奖金导致的认知失调。那些听从官方而非个人请求返还奖金的学生持中立意见，因为他们不必解决任何失调，毕竟他们只是听从研究机构的指示而已。

在富兰克林效应中，让我们的观点产生变化的方式不是瞬间性的，而是渐进的。认知失调的作用方式也是渐进的。这里的关键在于，我们的错误认识也是逐渐形成的。人们不会从怀疑论者一下子变成神秘主义者，调整暴力行为也要一点一点来。因此很多时候，由于我们有确认偏差，往往意识不到自己正在慢慢发生改变。我们以为自己的观点一直不变，实际上，我们只是一直试图让自己的行为与口头表达的价值和观点保持一致。

专家也会犯错

我们的形象不仅受到自己行为的影响，也受到我们喜欢、认可的人的行为的影响。如果我们是某位艺术家、运动员或政治家的忠实粉丝，当他们有不正当行为时，我们越是认同这个人，感觉就越糟糕。

当个人形象遭受严重质疑的时候，认知失调的感觉会尤其突出。这就是为什么那些犯罪或犯罪未遂的人能像没犯过罪一样酣然入睡。如果他们能找到一个解决认知失调的理由（这是我们擅长的），就能保持冷静。

专家很会解决自己的失调问题。菲利普·泰特洛克（Philip Tetlock）研究了专家预测的有效性，发现他们预测的准确率不高于随机概率[13]，尤其在政治和经济领域（这无非是夸夸其谈）。专家远比普通人善于评估事件发生的基本比率，即某事发生或不发生的概率。但是当预测即将发生什么时，他们的准确率还不如掷硬币。

然而，泰特洛克研究的专家们，无一撤回自己的预测，或承认自己的错误。不知为什么，他们都坚信自己的预测是正确的，或者如果不发生意外的话就应该是正确的。而且，正如费斯廷格所见，专家名声越大，他们承认错误的可能性就越小。丹尼尔·卡尼曼那样的做法非常罕见。由于专家承认犯错会对自己的身份造成很大影响，所以会产生非常强烈的认知失调。

相反，我们也能理解，为什么自我评价低的人不容易受到鼓舞，即所谓的“冒名顶替综合征”[1]。当这类人的行为符合他们对自己的负面期待时，他们不会感到惊讶。只有出现证据表明，他们没有自己想象中那么无能时，他们才会产生认知失调，然后为自己找借口：“你是因为客气才这么说。”“那是因为你满怀善意地看待我。”如果事情发展顺利，他们会将其归因于好运气，因为这样能减少认知失调。如果他们当下找不出借口，就会把希望寄托给未来：“当他了解到我的真实情况时，就会厌烦我。”

---

① 想要了解更技术性的有关该综合征的功能分析，可以参阅克里斯蒂娜·罗德里格斯-普拉达（Cristina Rodríguez-Prada）、安吉拉·桑兹·加西亚（Ángela Sanz García）和胡安·安东尼奥·梅姆布里夫（Juan Antonio Membrive）在2019年第八届行为科学研究促进大会（SAVECC）上发表的文章。我在这里为了普及做了简化。

我们相信自己的客观性和价值

我们经常利用以认知失调为基础的虚假的实在论——李·罗斯（Lee Ross）称之为“素朴实在论”——来规避错误的后果，我们认为别人有偏见，但自己没有，这是一种幻觉。

罗斯和他的同事们发现，我们觉得自己的判断比别人更加客观，是因为我们能察觉自己的思维和情绪变化，可以描述自我辩护的过程，但无法对他人感同身受[14]。当我们审视个人思想和言语行为时，我们总想证明自己的出发点都是好的。罗斯等人发现，长期保持某个信念的利弊因人而异：在自己身上，它能证明我们的客观性——“我对 × 问题的观点成形已久，因此我清楚自己在说什么”；在别人身上，它是一种偏见——“你不能公正看待 × 问题，因为你的观点已经定型已久，是先入为主的偏见”。

一段时间以来，人们一直在谈论，我们作为发达国家的公民，在享有一定社会福利（目前来看）的同时，是否需要反思自己拥有的不同程度的特权。也有观点认为，虽然部分人生活在精英体制中，但依旧只是多劳者多得而已。反思观点的支持者通常会感到绝望，因为其他人似乎不愿意进行反思。但是，正如阿伦森和塔夫里斯[15]指出的，强大的认知失调让特权阶级忽视了反思的必要性。

第二次世界大战后，费迪南德·伦德伯格（Ferdinand

Lundberg）和玛丽尼亚·法纳姆（Marynia Farnham）因合作出版畅销书《现代女性：迷失的性爱》（*Modern Woman: The Lost Sex*）而成名。书中提到，尽管在“男性优势领域”取得成就的女性看起来似乎“事业有成”，但她们为此付出了高昂的代价，“她们牺牲了原始意志。女性是清醒而现实的，她们的性格不适合激烈竞争，因此会受到伤害，尤其在个人情感方面”。当然，其中一个后果就是性冷淡，“由于总是在挑战男性，拒绝继续扮演一个相对顺从的角色，许多女性发现她们的性快感减弱了”。之后的十年中，法纳姆博士——明尼苏达大学学士和哈佛大学研究生——因为说服其他女性不该钻研事业而获得了自己事业上的成功。她不担心自己会因为工作而变得性冷淡吗？

不。尽管她的理论出了名——女性应该待在家里养育孩子，否则会变得性冷淡、神经质、失去女性气质，但她似乎从未发现其中的矛盾或讽刺之处，那就是她有幸拿到医学博士学位，在外工作，还生了两个孩子。我们不知道她是否在性方面得到了满足。当富人谈论穷人时，通常不会觉得自己是幸运的，更无法意识到自己其实太过幸运，特权是他们的盲点。因为他们意识不到自己是特权阶级，所以，当必须进行反思的时候，他们习惯性地认为特权是理所应当的。

约斯特（Jost）和亨亚迪（Hunyady）发现，一个常用的合理化借口是“穷人虽然没钱，但他们更加快乐和诚实”，这促使现在的媒体绞尽脑汁让贫穷浪漫化。例如，用“共居”代指因为买不起房子或没钱整租一套房子而不得不长时间合租公寓的情况。

值得注意的是，一个含着金汤匙出生的人不会有仇穷的心理。但那些以前认为坐头等舱、享受附加服务是一种奢侈的人，一旦能够升到头等舱，就会立即改变看法，对挤在经济舱里的乘客产生同情和蔑视。

记忆是多么不可靠

如果你认为认知失调只会导致我们盲目相信谎言，或者使我们面对证据死不悔改，那么你还需要了解，它也会通过修改记忆使其与我们讲述的故事保持一致。

当两个人对同一个事件有不同描述时，我们往往会认为其中一个人在撒谎。当然，有时人们的确会撒谎。但在更多情况下，我们仅仅是想为自己辩护，这也是我们最终开始胡说八道的原因之一：我们倾向于认为自己的记忆是可靠和准确的，但实际上它是可塑的，并随着你的观点发生变化。我们一直在修改、删减和重写自己的记忆。历史是由胜利者书写的。就我们自己的生活而言，胜利者就是我们自己。

首先，由于确认偏差，我们往往更容易忘记那些与固有观点有分歧的信息。在1958年进行的一项实验中，爱德华·琼斯（Edward Jones）和丽塔·科勒（Rita Kohler）通过研究民众对种族隔离的看法验证了这一观点[16]。研究者向美国北卡罗来纳的居民提供了一些支持或反对种族隔离的论据，但居民们需要先表明自己在该问题上的立场。无论正方或反方都收到了观点相反的、或可信或虚假的论据，也就是说，一共有四种类型的论据：正方的可信论据、反方的可信论据、正方的虚假论据、反方的虚假论据。一段时间后，人们通常只能记住自己原来立场上的可信论据和相反立场上的虚假论据："对方怎么可能有有效且合理的论据呢？难道我们这边在胡说八道？"可见，他们记得的是能够强化自己立场的论据。

当然，有些事情我们能记得很清楚。我们记得自己的初吻或糟糕的经历，以及看过的电影、书籍和经历过的意外、胜利、失败。我们记得许多生活中重要的事情。同样的，我们犯错肯定也不是偶然，但人们会疑惑："是我做的吗？不可能吧。"

卡罗尔·塔夫里斯在她的一本有关认知失调的著作中讲述了她的一则私人轶事。她小时候有一本最喜欢的儿童读物——詹姆斯·瑟伯（James Thurber）的《美妙的 O》（*The Wonderful O*）。她记得那是父亲送给她的，她和父亲一起边读边笑的情景至今还历历在目。多年后，她重新找到了那本旧书，是 1957 年的第一版。然而，她的父亲在一年前就去世了，所以送给她书并和她一起阅读的人不可能是父亲。一定是别人给她的，是别人读给她听，还和她分享快乐，但她记不起这个人。

我也有一个类似的故事。很久以前，我和几个朋友聚在我们其中一个人的家里"学习"。突然有人拿出一瓶黑刺李酒，大家因此开始玩耍，学习演变成一场盛大的狂欢，最后把场地弄得非常尴尬和糟糕，尤其是对房子的主人而言。多年以来，我一直把这个故事当作真实记忆来讲述，直到有一天，一个真正参与过那个派对的朋友对我说，他不明白我在讲什么，因为事件当天我不在格拉纳达。千真万确，我当时甚至都不在西班牙，根本不可能出现在故事里。但是，我认识当时在场的所有人，我知道事发的房子长什么样子。此外，我已经听过这个故事好几遍了。这次记忆混乱的关键点在于：重复一件事能让人产生真实的幻觉。我最终把自己安插到了那个故事里。我知道那不是真的，我知道我没有参与，但我能完美地回忆起那个派对。

当我们发现清晰而生动的记忆其实是虚假的，自然会感到迷惑。细节不代表真实。这些幻觉总是会和我们的信念与情感一致。卡罗尔·塔夫里斯对父亲的印象非常正面：一个热情善良的男人，喜欢给她读书，因此她想象父亲给她读了那本特别的书是合乎逻辑的。我的朋友们举行了一场文学狂欢，我希望出现在那里，所以最终把自己植入了那个并不在场的夜晚。

我们并不能记住所有事。实际上，我们脑子里存储的是每个场景的特殊节点或关键帧，回忆的过程并不像打开文件，而是像恢复电影片段，并试图重建缺失的部分。我们每次访问记忆的时候都有可能修改它。有些东西，比如诗歌、歌曲等，可以一字不差地得到复制，但我们的记忆会随个人变化而不断被重建。

证人可靠吗

20世纪初，犯罪学家冯·李斯特（Von Liszt）教授对证人的记忆进行了一项非常戏剧化的实验[17]。在一节课上，他的一个“学生”（实际上是朋友扮演的）开始对他大喊大叫，要求他从基督教道德的角度①解读一本有争议的犯罪学教科书。第二个“学生”（也是他的朋友）开始与第一个人大声争论。事态逐渐升级、失控，突然其中一人掏出一把左轮手枪，李斯特试图干预，然而枪声响了，一名“学生”倒在地上。

这时，李斯特立刻解释称一切都是设计好的演出。演员们向观众致意，然后离开教室。之后，李斯特开始就事件的过程询问现场学生，但几乎没有人记得重要的细节，例如，谁先动手的，两人穿的什么衣服。许多目击者都把注意力集中在了枪上，其余什么也没看到。

多年后，罗伯·巴克豪特（Rob Buckhout）在一百五十多名证人面前模拟了一场暴力袭击。总体而言，证人们只关注到了他们觉得重要的点，记不住大多数细节。事后巴克豪特要求证人们在六张照片中指认肇事者，其中三分之二的人指认有误[18]。在另一个类似的实验中，一个电视节目公布了一例钱包盗窃案的几张

① 随便选的一个角度。

相关图片后，有两千多人给节目打电话，要求在证人环节中指认小偷。虽然图片中罪犯的脸清晰可见，但仍有一千八百多人指认错了人。

这两个事实可能有助于解释为什么我们无法成为称职的证人，以及为什么我们无法准确地回想起自己所看到的一切。第一个事实是，我们总是无法区分原始记忆和想象。也就是说，如果一件事情发生了很久，关于它的记忆会与其他细节混淆，直到我们分不清哪些是真实的，哪些是想象的。你可能还记得小时候某一次过生日的场景，但是你大脑中的信息不仅有你的亲身经历，还有那天的照片、别人讲述的相关故事，以及在电视或电影里看过的生日场景。你每次的回忆其实都是在即兴创作一个关于那天的美丽故事，有事实，也有虚构的部分内容，甚至可能包含许多未曾发生过的细节。

此外，我们讲故事的时候，一般想不到听众会进行批评或求证，所以通常也不会特地去验证说过的话。有些时候，我们索性直接摘除对自己不利的信息，为自己辩护。如果你之前被人欺负，你只会记得自己是受害者，而不会记得是否是自己先挑起的事端。自我辩护的倾向不仅会影响我们的过去，也会影响现在。如果你的父母为你报名钢琴兴趣班，你会责怪他们不让你接受学校里的义务钢琴教育。如果他们允许你退课，你又会责怪他们没有督促好你，导致你缺乏练习。

所以，当我们回忆某件事时，其实就是在记忆的基础上编造故事——故事创造了记忆，这能解释为什么我们会相信谎言，或者为什么我们会做出意料之外的事情。一旦我们接受一个假设的前提，我们就会修改记忆，使两者吻合。如果你有一本青春期写下的日记，或者十年前、五年前的，翻开读读它吧，你会惊讶于自己以前竟然是那么想的。

芭芭拉·特沃斯基（Barbara Tversky）和伊丽莎白·马什（Elizabeth Marsh）做了一系列关于我们如何改变记忆的实验。在其中一个实验中，被测试者阅读了一个关于两个室友的故事，室友每人都做了一件坏事和一件好事。被测试者必须以其中一人的名义写一封信——给市政厅的投诉信，或者给高级社交俱乐部的推荐信。写信时，被测试者添加了故事文本中没有出现过的细节。例如，如果他们写的是推荐信，会添加原文中没有的、对性格的积极刻画。如果之后让被测试者回忆之前读过的故事，他们也会复述自己添加的细节，而且无法将其与原文区分开来[19]。

自我认知会影响记忆，因为我们总想与过去的自己保持一致。丹尼尔·奥佛尔（Daniel Offer）和他的团队就几个重要话题（宗教、性、家庭生活……）采访了七十三名十四岁的青少年。三十四年后，他们设法再次联系上了几乎所有人，四十八岁的他们已经记不清十四岁的自己对那些话题的态度。也就是说，他们有 50% 的概率记错十四岁时的想法和感受，并且往往只承认与当前看法更接近的原始问卷的答案。由于成长在 20 世纪 70 年代和 80 年代，他们总是高估自己在政治方面的冒险和自由精神：有一半人觉得，自己十四岁时认为高中开始性生活没有问题，而事实上当初只有 15% 的人是这样回答的[20]。

这种情况很常见：我们会低估自己过去的性伴侣数量，高估发生性关系的次数和使用安全套的次数。我们以为自己在某些选举中投了票（实际没有），或者投票给了获胜者（也没有）。我们以为自己的孩子学会走路和说话的时间比实际更早①……

当回忆起与自我认知不协调的行为时，我们会从旁观者的视角审视记忆，做客观的第三人称描述。当回忆起与自我形象一致的行为时，我们会用第一人称讲故事。康威（Conway）和罗斯称这种刻意的记忆扭曲是为了通过修改达到目的。

第二个事实是，我们完全有可能意识不到眼皮底下发生的变化，许多魔术师正是利用了这一点。注意不到眼前发生的变化被称为非注意视盲，极端情况下，一个人甚至能对面前的大猩猩视而不见。

在一项经典实验中，被测试者需要观看一个两支队伍玩传球游戏的视频。一支队伍穿白色衣服，另一支队伍穿黑色衣服。每队都在队内互相传递一个篮球。此外，被测试者观看时还要完成一个简单任务：数白队的传球次数。视频播放过半时，一个打扮成大猩猩的人从画面一侧进入，路过若无其事还在传球的玩家们，

---

① 除了彭尼贝克（Pennebaker）提出的表达性写作和写日记的好处[21]之外，这也是为什么要写日记的另一个重要理由。你不能相信任何记忆。我经常重读自己十年或更短时间以前的日记，然后惊讶于自己读到的内容。

在画面中央站了一会儿，然后从画面另一侧离开。视频结束后，被测试者提交了他们的计数结果（这不重要），并被询问是否注意到了任何奇怪的事情。然而，有一半的被测试者没有看到大猩猩。在后来的一次重复实验中，只有 8% 的被测试者看到了大猩猩[22]。

在一些类似的实验中，实验者在街上随机拦住一个人问路。路人在指路的时候，有两名男子抬着一扇大木门或某个类似的东西从实验者和路人之间穿过，途中会遮挡住双方的视线。在此过程中，实验者趁机和其中一个抬门的人互换位置，完成换人的计划。在大多数情况下，被测试者不会发现这个变化，而会继续指路，仿佛一直在和同一个人说话。

所以，我们的记忆时常在暗中作祟，让我们相信奇怪的、尤其是符合自己愿望的事物。这根本没什么好担心的，毕竟都是些善意的谎言，只是让我们自我感觉良好。只要不在自己和周围的人身上引发可怕的后果，这又有什么关系呢，对吧？

编造的记忆[1]

已经不单单是有意扭曲和改变记忆的问题了，我们还很容易编造（或接受别人编造的）日常记忆，然后信以为真。

1995 年，本杰明·威尔科米尔斯基（Binjamin Wilkomirski）在德国出版了一本名为《碎片》（*Fragments*）的书，回忆了他在奥斯维辛集中营和马伊达内克集中营里的童年经历。人们痴迷于那本书，并将威尔科米尔斯基与安妮·弗兰克（Anna Frank）或普里莫·莱维（Primo Levi）相提并论。《碎片》还在许多国家荣获了无数奖项。

然而，书中的一切都是编造的。威尔科米尔斯基的真名是布鲁诺·格罗斯让（Bruno Grosjean）。他既不是犹太人，也没有任何犹太血统。他是一名瑞士单簧管演奏者，出生于 1941 年，被一个瑞士家庭收养和抚养长大。他的故事来源于他读过的历史书、看过的电影和耶日·科辛斯基（Jerzy Kosinski）的小说《被涂污的鸟》（*The Painted Bird*）。《被涂污的鸟》描绘了一个小男孩在犹太人大屠杀中的痛苦遭遇，文学评论家指责该小说为了增强情

---

① 引自电影《银翼杀手》（*Blade Runner*）（1982）。当银翼杀手瑞克·戴克 (Rick Deckard) 发现他的爱人瑞秋 (Rachel) 实际上是一个仿生机器人，并且她的童年记忆是她的制造者埃尔登·蒂雷尔 (Eldon Tyrell) 植入的埃尔登的侄女的记忆时，瑞克说出了这样一句台词。

节的戏剧性，夸大了集中营的残酷；而大屠杀幸存者则诟病作者美化了事实。

格罗斯让为什么要编造这样一个故事？他的生活过得还算不错，有体面的工作与和谐的人际关系。在任何意义上，他都不是疯子。但是，他有一个典型的症状，即成年后开始幻想自己遭遇过可怕的性、身体和心理虐待。伊丽莎白·洛塔斯（Elizabeth Loftus）——我最敬佩的女性心理学家之一，我们之后会讨论她——深入研究了错误记忆的形成。除了检验形成错误记忆的容易程度以外，她还向我们揭示了错误记忆与认知失调的关联，很多时候我们用错误记忆来解决认知失调。

错误记忆并非突然地、倏地就产生了。它们要经过几个月或几年时间的酝酿。根据格罗斯让的亲戚、前妻、朋友和其他人的说法，过去的二十多年内，他一直在一点点地说服自己相信，自己就是威尔科米尔斯基这个角色。写书只是这个信念的最后一步。显然，他极其迫切地想成为大屠杀幸存者，以便收获作为单簧管演奏者没能获得的赞誉和名声。但问题是，最后他真的相信了。在回溯自己的记忆时，他决定（依照精神分析理论里把一切归咎于母亲的思路）把问题的根源归结为，他是一个被单身母亲遗弃的孩子，被收养前在孤儿院生活了许多年。然而，仅这一个解释不足以让他自圆其说[23]，所以他又编造了其他故事。他在孤儿院和一个名叫布鲁诺·格罗斯让的男孩置换了身份，实际上他才是本杰明·威尔科米尔斯基。因此，他能够合理解释自己为什么会无缘无故地恐慌发作、反复地做噩梦，为什么头上有肿块、额头上有疤，因为他正在准备揭露一系列被大脑压抑的创伤记忆——典型的弗洛伊德风格。

事实上，人在压力大的时候时常会经历恐慌发作，没有明显的原因。他的儿子和他一样头上有个包（但他的儿子显然没有与他类似的童年经历）。每个人都会因为各种各样的原因留下些伤疤。做噩梦是普遍的，不一定与真实生活有关联。格罗斯让不过是因为真实生活与愿望之间有巨大差距，产生了严重的认知失调。他认为，他的问题出现在四岁前，因为他回忆不起当时的场景（这是完全正常的）。根据已经主流化的精神分析理论（我们之后会解释，精神分析理论是谎言）[1]，他认为那些记忆是被压抑了。起初他什么记忆也没有，但随着他逐渐执迷于那套压抑理论，他开始阅读有关大屠杀的书籍，其中包含很多幸存者的叙述。慢慢地，他开始觉得自己是犹太人，还使用他们的标志。三十八岁时，格罗斯让认识了一位住在苏黎世的以色列精神分析师埃利苏尔·伯恩斯坦（Elitsur Bernstein），并和对方成了亲密的朋友。伯恩斯坦试图帮助格罗斯让恢复被压抑的记忆。

格罗斯让和伯恩斯坦一起前往马伊达内克集中营。到达以后，格罗斯让的脑海中突然涌现出许多回忆，他情不自禁地开始哭泣。他念叨他认识那个地方，有一个营房是用来隔离火车运来的孩子

① 在他居住的欧洲地区尤其活跃。

的。但在集中营工作的历史学家在与他谈话时向他解释，尽管纳粹杀害了许多儿童，但没有任何一个营房是被用作托儿所或隔离区的。从逻辑上讲，如果纳粹只是想杀人，又怎么会在乎孩子是否生病了呢？但是，事情发展到这一步，格罗斯让——当时的威尔科米尔斯基——并不在乎证据，他只相信自己的记忆。

从那时起，他开始接受治疗，挖掘被压抑的关于集中营的记忆。当然，伯恩斯坦很乐意帮助他。他们找到了一位名叫莫妮卡·马塔（Monika Matta）的心理分析师。她分析了格罗斯让的梦境，使用了一些非语言技巧（比如让病人画画，我们已经知道这是骗人的），最后劝威尔科米尔斯基把他的记忆写下来。这其实容易使人迅速混淆想象与现实。

伊丽莎白·洛塔斯将这个过程称为想象膨胀，即你对某件事的想象越多，再添油加醋地补充上细节，就越有可能把它变成一个完整的记忆。她花了几十年时间研究诱发一个人产生错误记忆到底有多容易，结果令人不寒而栗[24]。格罗斯让花了数年时间才制造出完整的错误记忆，因为他凭借的是不稳定的主观意识。但是洛塔斯和她的同事们在短短几分钟或几小时内，就在实验对象脑中创造出了错误记忆。他们的实验过程有行为和神经学相关的真实记录。

梦也会影响我们的记忆。朱莉安娜·马佐尼（Giuliana Mazzoni）和她的团队要求被测试者讲述一个梦，然后随便解析了一番。他们对一半的被测试者说，这些梦意味着他们三岁前被其他孩子以某种方式霸凌过，或者在公共场所迷过路等；他们给另一半被测试者的解释则平和很多，不会影响其情绪。听到负面分析的被测试者更相信解梦的内容，其中有一半的人开始在脑子里“回放”对应情节——然而这些都不可能是真的，因为这些是马佐尼和她的团队杜撰出来的[25]。

在其他实验中，洛塔斯、马佐尼和其他同领域的研究者或是利用轻微的暗示，或是使用合成的照片，给被测试者植入各种错误记忆：乘坐热气球、医学检测、住院、由于意外触发消防喷淋头而疏散超市人群、车祸、在参加婚礼时从新娘父母头上扔过一个潘趣酒碗……在大多数实验中，研究人员只需使用一个简单的语言暗示就足够了，比如“告诉我，你八岁时在手指上抽取组织样本做化验的时候发生了什么。你的病历中有这项记录”。当有人，尤其是某个权威人士向我们展示某事发生过的确凿证据，而我们没有丝毫印象时，我们就会陷入严重的认知失调：我们不记得那件事，但这个人告诉我们它发生过，最终我们可能会认为自己错了，相信确有此事。鉴于他们会一步步指导我们再现那个场景，在这个过程中，我们会慢慢产生一种“似曾相识”的感觉，尽管那实际是我们大脑初次创作的产物。例如，如果我们看到了一辆绿色汽车在十字路口撞倒一位行人的视频，紧接着研究员问我们：“红色汽车撞倒行人后做了什么？”我们大多数人都会记得那辆车是红色的，或附近的停车标志写的是“礼让行人”。

我们越重复想象某个场景，就越相信它是真的，越能提供更多细节，这就是洛塔斯所说的想象膨胀。一些研究人员甚至能间接引发这种现象，比如要求被测试者想象某件事如果发生了会怎么样。最后，孩子们更容易想象膨胀，因为他们更难将现实与想象区分开来。

火星人的奇葩行径

希望你还记得我们在上一章谈到的睡眠瘫痪症的现象，因为它可以解释魅魔的传说。这个现象结合错误记忆，也可以解释为什么有人相信外星人绑架了他们，在他们身上进行各种实验——通常是与性有关的实验，或者往他们的肛门里塞东西。

我们必须记住，睡眠瘫痪症是正常的，绝不是病理性的，而且发生频率较高，约 30% 的人都经历过，而很少出现幻觉的人据说只有 5%。如果你因为轮班、时差或极度疲劳影响了睡眠周期，睡眠瘫痪症将更容易发生[26]。

著名的怀疑论者迈克尔·谢尔默（Michael Shermer）在他的著作《为什么我们相信奇怪的事情：伪科学、迷信和我们时代的其他混乱》（*Why People Believe Weird Things: Pseudoscience, Superstition, and Other Confusions of Our Time*）中讲述了一个经历：他正在参加一场极限自行车比赛，连续骑了八十三个小时后，他的后勤团队让他停下来睡一会儿。他睡觉的时候梦见了一段 1960 年的电视剧《入侵者》（*The Invaders*）中的情节，他的团队成员都变成了外星人，他们的手电筒变成了 UFO 的光等。事实上，谢尔默在睡梦中经历了一次九十分钟的遗忘症，这通常也被称为“失去的时间”。但由于谢尔默是一个怀疑论者，并且他知道睡眠瘫痪症，所以当他完全醒来时，他明白发生了什么，只把它当作一则趣事[27]。但其他很多人的情况并非如此。

心理学家苏珊·克兰西（Susan Clancy）对外星人绑架案有深入研究，能准确描述被绑架的当事人的心理。所有接受访问的人都遵循相同的模式：一旦他们开始怀疑自己被外星生物绑架过（根据在电视或互联网上阅读到的内容等），就会开始寻找证据，然后记忆就会随之发生变化[28]。只要你想找证据，肯定能找到。

通常，这个过程会被一段恐怖的经历触发，比如睡眠瘫痪症：你醒来后无法动弹，感觉好像有鬼影出现等。你想为此寻找一个解释。大多数时候人们会归因于抑郁症或暂时性的健康问题，如流鼻血、性功能障碍等。但有时人们醒来后发现自己没穿衣服，并不认为是因为热自己脱掉了睡衣，或仅仅是想裸睡了而已。

为什么不选择合理的解释？根据苏珊·克兰西的说法，一部分因为民族文化，另一部分取决于“被绑架者”的性格特征。外星人绑架论解释了一个困扰太多人的重大问题——魅魔的存在，它被重复的次数越多，便越发生动和真实。在那个年代，不明飞行物的各种传言和“9·11”恐怖袭击的阴谋论并驾齐驱，不难联想到传奇的X档案系列。

而这种类型的幻觉通常反映的是文化担忧。人们对看到或听到的东西产生联想：谢尔默承认他的想象来自一部电视连续剧。克兰西的大部分研究对象都出身传统的宗教社区，但他们用更现代和新潮的信仰取代了旧宗教。他们更容易受到想象和暗示的影响，也更容易混淆现实和虚幻，因此他们不太能够记住在哪里经历过某事。而且，最重要的是，相比于“睡眠瘫痪症”（他们可能都不知道这是什么）他们更愿意相信科幻故事。即使他们知道睡眠瘫痪症，也不愿意相信。因为迷信的人有一个共同特质：他们觉得科学解释，无论其原理多么先进和复杂，听起来都“过于简单”，因此“必然存在其他解释”。同样，根据本章提到的观点，科幻故事能解释生活中的坎坷和不幸，从而免除当事人自己承担错误或责任。有一名被绑架者说，因为被绑架过，她不能接受丈夫——一个和蔼善良的男人——和她发生肢体接触或性关系。据说，她声称自己从来没有享受过性生活，因为火星人在她很小的时候就用她做性实验。

此外，所有被绑架者都表示，绑架改变了他们（在许多情况下让他们变得更好），最重要的是，为他们的生活赋予了意义。此外，被绑架者通常会互相寻找、见面并结成有共同信仰的团体，一个人把睡眠瘫痪症解释为被外星人绑架做实验——往屁股里塞很多探测器——也就不足为奇了。

伊丽莎白·洛塔斯之所以出名，是因为她深入研究了大量突然回忆起童年被父母或其他看护人虐待和折磨的案例，这和格罗斯让的事例、我们刚刚讨论的绑架事件非常类似。同时，也有很多反对者指责洛塔斯为强奸犯和施暴者等辩护，致使她被迫从学校辞职，搬到其他地方。

幸存者叙述

与所有人类行为一样，错误记忆服务于一个特定功能：帮助我们原谅自己，并合理化我们的错误。但有时它们会阻止我们为自己的失败或生活承担责任，因为它能让我们为所有问题找到外部原因。

最有力量的叙述之一是受害者的叙述，尤其是幸存者的叙述。成千上万的人在家中或陌生人手中遭受过可怕的虐待，或在战争、遗弃和其他非人境遇中幸存下来。他们的故事很鼓舞人心，特别是当它们并非个例，而是具有普遍意义的时候。这与流行的观点①——创伤会给人留下终身阴影——相反。

心理学家安·马斯汀（Ann Masten）创造了心理学史上最有启发性的研究之一（研究最近再次被验证），它证明了大多数儿童（像成年人一样）具有强大的毅力，最终能克服战争、儿童疾病、父母虐待、父母酗酒、母体剥夺或性虐待的影响[29]。当然，自弗洛伊德的观点诞生以来，人们认为，童年创伤必然会对成年人的精神健康产生影响，此外，克服了创伤的孩子一定有奇怪和特殊的地方。但考夫曼（Kaufman）和齐格勒（Zigler）几十年前已经证明，事实并非如此，童年遭受虐待与成年后向子女施虐之间没

① 和心理学中几乎所有的胡说八道一样，都引申自弗洛伊德。

有关联[30]。然而，大众不这样认为。

艾伦·巴斯（Ellen Bass）和劳拉·戴维斯（Laura Davis）在她们的书《治愈的勇气》（*The Courage to Heal*）中（据说是无意中）解释了人为什么会产生错误记忆。她们支持的观点是：如果你生活不顺利，那是因为你小时候被强奸过。由于你压抑了这段记忆，所以你不记得，但是创伤经验会持续影响你，导致你产生某些问题，生活得不如意。而且，如果你深入、仔细地挖掘，最终你可能会想起自己被虐待过。她们又解释道："因为你想不起童年时期遭受的性虐待，所以一旦你记起它或认识到它的影响时，会感受到极大的安慰。总之，你的所有问题都有根源，总能归咎于某人或某事"[31]。

更讽刺的是，巴斯和戴维斯都不是心理学家，她们的书也不是学术著作，一点边都沾不上。那是一本小故事和毫无根据的结论的集合，书中还提供了一系列练习，教人如何恢复被压抑的可怕记忆。她们非常会为自己辩解，在西班牙语第三版的序言中，她们回应了心理学家对书籍内容缺乏严谨性提出的批评。她们虽然承认自己不是科学家，但是表示，不用成为博士也能仔细并富有同情心地倾听他人，再后面正文的内容就像是她们喝醉了以后写出来的。当然，在书的任一再版中，她们都没有纠正第一版的错误，只是留下了一行很小的字样：如果你认为你的治疗师在强迫你回忆受虐经历，那就换一个。她们依然确信存在被压抑的记忆。她们还表示，多年以来她们曾与少数有性虐待记忆的女性交谈过，但她们发现，这些女性的问题实际上源于其他被压抑的创伤，例如“情感虐待”等。

正如我们所见，人们一面相信自己是有能力的聪明人，一面又不满意现在的生活。面对这样的矛盾，每个人都有自己的应对办法。让我们看看霍莉·拉蒙纳（Holly Ramona）的案例。

大学一年级以后，霍莉·拉蒙纳开始接受抑郁症和神经性贪食症的治疗。医生告诉她，这是童年遭受性虐待遗留的症状，但霍莉否认曾受到性虐待。然而，她的治疗师马尔凯·伊莎贝拉（Marche Isabella）坚持认为，在她治疗的ED[①]（进食障碍）病例中，有60~70%[②]的病人曾在童年遭受性虐。请注意，虽然伊莎贝拉自诩专家，但她并没有接受过治疗进食障碍的专门培训。最后，伊莎贝拉以帮助霍莉恢复记忆为借口，说服她允许医院精神病学主任理查德·罗斯（Richard Rose）给她注射硫喷妥钠[③]。当时，在治疗师的不断劝导下，霍莉已经隐约感觉她的父亲强奸过她，尽管想不起细节。在药物的作用下，霍莉“记起”她的父亲在她五到十八岁之间一直性虐待她。霍莉在她接受治疗的诊所与其父亲加里（Gary）对质，当面指控他犯下以上罪行。后来，霍莉的母亲与她的父亲离婚，她的父亲同时丢了工作和家庭。

之后，伊莎贝拉搬到弗吉尼亚，在那里继续从事临床治疗。

---

① 英文全称 Eating Disorder。——译者注

② 估计是在“家里蹲”大学得到的数据。

③ 俗称“真相血清”，但其实这是一种错误叫法，实际上不存在这样的东西。

理查德·罗斯搬到夏威夷，不再做精神病学方面的工作。霍莉·拉蒙纳开始攻读临床心理学硕士学位。加里决定秋后算账，他对理查德·罗斯、马尔凯·伊莎贝拉和那间诊所提起诉讼并获胜。这是错误记忆的受害者针对植入记忆的治疗师提起的第一例诉讼，开创了这类案件的先例。治疗师因为害怕被起诉，渐渐地不再使用被压抑的记忆做借口，因此这个伪科学理论的热度在慢慢消失。

然而伤害已经造成，成千上万的家庭已经破碎，有些人至今仍在坐牢。事实上，加里胜诉以后，他的前妻声称，尽管她从来都没发现过任何证据，但她仍然认为，他强奸过女儿。

如果你对一个人突然想起自己遭受多年性虐待感到不可置信，你还能想象一个人突然记起自己犯下过（实际上没有）几起强奸吗？这就是保罗·英格拉姆（Paul Ingram）的故事：这个男人有一天突然回忆起他强奸了他的孩子们。

1993 年，《纽约客》（*The New Yorker*）发表了一篇名为《撒旦记忆》（*Recuerdo de Satán*）的文章[32]。英格拉姆坚持自己没有犯下过强奸，否认了一切指控。但他女儿的记忆是如此令人信服，以至于警方决定逮捕他。他一直否认，但他的同事（就是逮捕他的人）告诉他，如果他坦白，他就能想起那些事情。这里应当强调一下，英格拉姆是一个积极、忠诚信仰原教旨主义的人，他的牧师鼓励他回忆自己出于羞耻而压抑住的经历。经过数小时的审讯和祈祷，他承认了犯罪事实，同意在供词上签字。

随着调查范围的扩大，警方越发确信这个案子涉及一个撒旦仪式，而英格拉姆并不是唯一的参与者。那个可怜的男人又和牧师一起祈祷——“恢复记忆”。这一次，他隐约看见了自己和同谋者，然后牧师以“主只授人真理”为由，鼓励他继续回忆。当英格拉姆的女儿们得知撒旦仪式后，她们也开始出现之前从未有过的记忆。例如，人声鼎沸的狂欢（比促销当天法雅客[1]里的人还多），以及被谋杀的婴儿。无论人们给这位父亲安上什么罪名，比如动物祭祀、谋杀等，他都迅速承认。

英格拉姆和两名所谓的同伙被判入狱，而这两位矢口否认一切罪名。事实是，没有任何法医检验数据表明英格拉姆的女儿们曾遭受过侵害，也没有人报案绑架婴儿，更不存在任何谋杀或残害的证据。此外，女儿们的记忆也相互矛盾。

心理学家理查德·奥夫舍（Richard Ofshe）在监狱中采访了英格拉姆，顺便检验了自己认为强奸等罪名是错误回忆的猜想。奥夫舍要求英格拉姆尝试回忆他强迫儿子和一个女儿在他面前乱伦的场景。事实肯定不会是奥夫舍描述的那样，因为那是他编造的。更重要的是，英格拉姆的女儿从未提到过乱伦，他的儿子也明确否认这件事。但是，英格拉姆的反应和之前一样：一开始他想不起来，但在经过想象和祈祷之后，他出现了对应的回忆。

当然，这并不能证明英格拉姆的其他记忆是假的，也无法证明奥夫舍编造的那一幕从未发生过。但如果它从未发生过，就必

① Fnac，法雅客是法国一家电子、文化产品连锁商场品牌。——译者注

须质疑其他回忆是否确实发生过。显然，英格拉姆容易产生错误记忆。

最后，由于缺乏证据，检方撤销了所有关于撒旦邪教的指控，但没有撤销英格拉姆性虐待孩子的指控。英格拉姆经过反思，终于意识到这些记忆都不是真实的。他宣称自己是无辜的，试图撤销他的供词，但并未成功。最终他被判处二十年有期徒刑。在服刑的前六年间，他提起过两次上诉，均被驳回。

当我在丹尼尔·劳伦斯·沙克特（Daniel L. Schacter）写的一本非常有趣的书《探寻记忆的踪迹》（*Searching for Memory*）中读到这个案例时，一下子被它吸引了，因为实在太扭曲了：一个无辜的人怎么可能会相信自己强奸了女儿、谋杀了婴儿，还参加了撒旦狂欢和祭祀仪式？但是，在这个案件中，考虑到事件发生的环境和受害对象，英格拉姆的做法也是可以理解的。

正如伊丽莎白·洛塔斯等学者的研究结果所表明的那样，英格拉姆所处的环境具备几个特点，它们有利于错误记忆的产生：警方的审讯具有引导性，他们告诉英格拉姆，只要他坦白就能想起发生了什么；他被要求想象事件场景，以至于模糊了想象与现实的边界，还被迫设想可能发生过什么；他的牧师向他承诺，主只授人真理。根据上面提到过的研究，我们可以理解，为什么英格拉姆能够产生生动的回忆。当然，需要核实那些所谓的仪式时，警方会发现自己找不到证据，而且英格拉姆讲述的细节也不完全一致。

怎么知道是真是假

我并不是想说，如果一个孩子告诉你他在学校被欺负了，那一定是谎话，不用理睬。我们接下来会了解到，如果我们或其他人出现矛盾记忆，我们确实该有所怀疑。

我们要清楚，创伤记忆通常不会被压抑：这类记忆的问题恰恰是它们无法被压抑。事实上，它们会被反复记起。创伤后应激障碍（PTSD）患者的问题之一在于，他们无法停止回忆痛苦的经历。正如麦克纳利（McNally）所言，如果一件事是创伤性的，它不太可能被遗忘；如果一件事被遗忘了，那么它可能不是创伤性的。在任何记忆中，细节都可能会随时间的推移而失真，这是正常的。

纳粹集中营的幸存者就是个极好的例子，他们能证明创伤性记忆不会被压抑：在回忆被害经历时，他们最新的陈述与刚从集中营获释时的陈述总是非常吻合。

因此，如果突然回忆起多年前发生的事，并且以前从未想起过，那么它很有可能是错误记忆。如果人们是在被诱导想象或接受了有偏向性的提问后恢复了某段记忆，那么我们更要提高警惕。他人，尤其是权威人士，通过重复提问诱导你回忆某事是非常危险的。

当我们指控一个无辜的人

这本书之所以取这个标题，是因为我们谈论的大部分人都是相信荒谬事物的，比如超自然现象、阴谋论、无用的伪科学等。但是，如果警察和司法系统也相信谎言，而且面对证据死不悔改，那就非常糟糕了。接下来，我们将谈论一些不应该入狱或被判处死刑的人，但他们入狱并不是因为虚构的罪行，如性虐待，而是因为逮捕和审判他们的人有认知失调。

在我找到的众多案例中，下面这起是最吸引我注意的案例之一。1989 年 4 月 19 日晚，被各大报纸命名为“中央公园慢跑者”（The Central Park Jogger）的二十八岁女子特丽莎·梅丽（Trisha Meili）遭到严重的暴力袭击、强奸和殴打，昏迷了十二天。这是 20 世纪 80 年代被媒体报道最多的案件之一，因为当晚还有其他八人在同一地区遭到袭击。据推测，那次大规模袭击是一个大型团伙所为，大约由三十名青少年组成。当晚 9 点或 10 点左右，警方接到报警后开始对该地区进行排查。大约凌晨 1：30，警方发现了被袭击至昏迷的梅丽，然后加大了搜捕力度。

警方最终逮捕了来自哈莱姆区[①]的五人，其中有黑人和拉丁裔

① 哈莱姆区是美国纽约市上曼哈顿的一个社区，在 20 世纪曾长期是美国黑人文化与商业中心，也是犯罪与贫困聚集区。——译者注

青少年。他们参与了几次袭击，所以警方合理推测他们也袭击了梅里。警方审问了他们很长时间，十四个小时到三十个小时不等。那几个男孩——年纪在十四岁到十六岁之间——最终认罪了，但除此之外，他们添加了许多令人毛骨悚然的细节：一个男孩再现了他扯下女孩裤子的过程；另一个男孩说他们用刀划破了她的衬衫，有一个人用石头砸了好几次她的头；还有一个男孩坦白，他对自己的“第一次强奸”[1]感到非常后悔。

这五个男孩其实是无辜的。十三年后，一名叫马蒂亚斯·雷耶斯（Matías Reyes）的罪犯——因为三宗抢劫强奸罪和一宗强奸杀人罪已经入狱——承认独自一人袭击了梅里。他透露了其他人都不知道的犯罪细节，而且他的DNA（脱氧核糖核酸）与在受害者身上发现的DNA匹配。罗伯特·M·摩根索（Robert M. Morgentha）领导的地方检察署没有发现雷耶斯与之前那几个获罪入狱的男孩之间存在任何联系。2002年，针对五名男孩的判决被撤销，他们获得释放。然而，尽管压倒性的证据摆在眼前，摩根索的决定依然遭到了负责此案的警察和参与案件审理的同署检察官的强烈抗议，他们仍然认为那几个小混混有罪。毕竟他们已经交代了，不是吗？

---

① 这起案件成了当时的新闻热点。唐纳德·特朗普在四家纽约报纸上刊登了整版广告，呼吁判处凶手死刑。这符合特朗普一如既往的做事风格，他根本不知道自1984年以来纽约州就没有实施过死刑。帕塔基（Pataki）州长在1995年恢复了死刑，但由于违宪最终于2007年遭到废除。

据报道，雷耶斯之所以坦白，是因为他在监狱中认识了五个男孩中的一个——柯瑞·怀斯（Kharey Wise），对他的遭遇感到内疚。于是雷耶斯告诉官员，梅里那起案子实际上是他所为。

正义是老生常谈

1932年，耶鲁大学法学教授埃德温·波查德（Edwin Borchard）出版了《给无辜者定罪：六十五个判错的刑事案件》（*Convicting the Innocent: Sixty-Five Actual Errors of Criminal Justice*）一书。在这六十五起案件中，八起案件的被告人被判谋杀罪，尽管受害者后来还活得好好的。最可怕的是，尽管有压倒性的证据表明审判过程一定出了岔子，但有一名检察官非常认真严肃地告诉波查德："无辜的人永远不会入狱。别担心，冤案永远不会发生。"我想这名检察官一定自信过头了。

1989年DNA检测得到广泛应用，它不仅成功将许多罪犯送进监狱，还证实了许多入狱的人实际上是清白的。这就说明证人是非常不可靠的。当然，最令人关心的是那些被判处死刑的无辜者，尤其是死刑执行前设法逃脱了的人。但是，因轻微情节（或更严重，但罪不至死）获罪的人的数量也相当令人震惊。对此，塞缪尔·雷蒙德·格罗斯（Samuel R. Gross）教授和他的团队总结称，如果"用审查死刑判决的谨慎态度来审查监禁判决，那么在过去十五年间的非死刑罪案件中，超过两万八千五百起应当被免除刑事责任，而不是现有的二百五十五起"[33]。由此可见，问题的严重性不小，但是自罗斯的研究发表以来，现实情况并没得到什么改善。

对于像你我这样的普通公民来说，意识到司法系统没有看起来那么可靠已经构成一种令人不安的失调（尽管我们知道它毕竟是由人组成的，而人是不完美的），但是系统内部人员感受到的失调还要严重许多。按照前文提到的心理学家理查德·奥夫舍的话来说，把一个无辜的人送进监狱，肯定是一个人能犯的最严重的错误之一，好比医生截错了手臂一样。

尽管，警察和律师想否认自己的错误、为自己辩护称自己的行为有很多外部动机，如行政处罚等，但他们的内部动机更大。毕竟，这些人也和普通人一样，都认为自己行为正直、工作能力强，不会冤枉一个好人，也不会放过一个坏人。承认自己把某人送进监狱并对其造成了无法弥补的伤害（这还不包括死刑）是一件非常痛苦的事情。但是，如果证据表明你抓错了人，你要如何为自己开脱呢？好吧，你会这样说服自己：即使证据不足以定罪，但是那个人确实是个坏人，他这次不犯事，下次也会犯。无辜的人不一定是好人，要是他真的是好人，那确实可惜。然而，这种错误实在太罕见了，即使抓错一个也不值一提，因为真正的问题在于司法体系的漏洞，太多的犯罪分子已经利用技术手段得以逃脱，或者他们有足够的钱聘请律师帮他们摆平官司。你看，我们在建立制约和保障的同时，事实上也创造了大量的漏洞，让坏人有机可乘。

你们看到这有多邪恶和扭曲了吗？严格来说，一个无辜者被捕，就意味着一个罪犯逃脱了法网。但即便如此，人们用害怕罪犯逃脱当借口，把无辜者送进监狱，让有罪者逍遥法外。这简直“棒极了”。

除了认知失调，如果我们再考量一下司法和执法从业者的办案经历，就不难理解他们的想法了。诚如西北大学法学院错案中心主任罗布·沃登（Rob Warden）所言：“你之所以变得愤世嫉俗，是因为每天都在与撒谎成性的人打交道。你给每个案子推理一个结论，最终会囿于隧道视觉[①]，只能看到自己想看的。多年后，出现压倒性的证据表明，当年那个犯人是无辜的，而你静坐在那里，认为自己不可能出错，因为你是个好人。”

此外，重点是，公检法也经常能办对案子。现实中，警察确实能破案，多数情况下能找到真正的罪犯，有时甚至是在极其困难的条件下也做到了。警察优秀的工作能力使研究者非常信任他们的准确度，然而，这会促使警察更有可能盯着错误的嫌疑人不放，忽略与自己的推理相矛盾的证据，否认自己弄错了。只要嫌疑人能进监狱，就证明他们的判断没错。因为，法官和陪审团不会也弄错的，对吧？

我们看的这些案子都来自美国，因为美国在这方面的研究更多，也因为美国的司法系统提供的保障比我们的少。实际上，在西班牙，国家的量刑权受到严格限制，定罪更加困难，从而减少

---

① 隧道视觉是指失去了中心视觉之外的视觉，视野中只剩下了一个狭窄的圆形隧道式的区域。——译者注

了犯错的概率。虽然得益于较高的司法保障，西班牙的情况没有美国那么糟糕，但是人为错误还是很多。近日，“巴塞罗那清白专案”（Barcelona Innocence Project）组织——1992年成立于美国的“清白专案”组织（Innocence Project）[1]的下属项目——在西班牙成立。据2019年1月8日《阿贝赛报》（*ABC Spanish Daily Newspaper*）上发表的一篇文章，司法权总委员会（CGPJ）在2017年承认了六起错判，司法行政部门因“功能异常”[2]向公民进行了一百六十一次赔偿。如今，“巴塞罗那清白专案”——由巴塞罗那大学负责——的研究重心是一千七百个已向最高法院提请再审的判决。提请再审是由于出现新的、与现有判决相悖的证据而质疑判决的结果。此外，该项目研究员也接受大众对不公审判的反馈意见。你们可以在“清白网络”（Red Inocente）网页上找到该项目的更多有关信息。

毫不奇怪，在我撰写本文时，“清白网络”上出现的第一个人是多洛雷斯·巴斯克斯（Dolores Vázquez），此人于1999年被指控在马拉加（Málaga）米哈斯（Mijas）附近谋杀了年轻女子萝西奥·万宁霍夫（Rocío Wanninkhof）。在媒体煽动（其中一个原因是，多洛雷斯·巴斯克斯与萝西奥·万宁霍夫的母亲有

① 清白专案是美国、加拿大、英国、澳洲和新西兰的一个非牟利法律组织，利用基因鉴定方法证明被错判有罪的人的清白，并且致力于改革刑事司法系统、调查及宣传出现冤狱的原因，以避免不公事件再次出现。最早的清白专案由后来参与辛普森案的贝里·薛克（Barry C.Scheck）和彼得·内费尔德（Peter Neufeld）在1992年成立。——译者注

② “我们搞砸了”的法律术语。

过一段恋爱关系，并与她和她的孩子们一起生活了几年）的极端舆论环境中，在充满不正当司法操作和警方违规行为（后来被披露）的审判下，大众陪审团对多洛雷斯·巴斯克斯做出了判决[①]。十七个月后，警方发现谋杀年轻女子索尼娅·卡拉班特斯（Sonia Carabantes）（2003 年 8 月）的凶手托尼·亚历山大·金（Tony Alexander King）的 DNA 与萝西奥·万宁霍夫案证物上发现的 DNA 匹配，然后释放了巴斯克斯。事实上，当发现凶手另有其人时，安达卢西亚最高法院已经下令撤销判决，进行重新审理，但由于金突然被捕遭到搁置。然而，对于多洛雷斯·巴斯克斯来说，无罪宣判并未使局面好转，许多人仍然相信多洛雷斯与案子有勾联，因此多洛雷斯不仅失业了，还被众多朋友抛弃，最终于 2010 年离开了西班牙。

① 这再次证明，将判决委托给陪审团，至少在我看来，是一个严重的错误。

审讯偏差和伪科学方法

有一个例子能证明警方和律师在调查过程中可能产生偏差，即 1998 年斯蒂芬妮 · 克劳（Stephanie Crowe）谋杀案。这个十二岁的女孩身中数刀，被发现死在自己的卧室里。案发前一天晚上，邻居们曾向警方举报了一名无家可归的可疑男子，名叫理查德 · 图伊特（Richard Tuite），被诊断患有精神分裂症，还有跟踪和骚扰年轻女孩、强制入室的前科。

但案发地加利福尼亚州的埃斯孔迪多镇（Escondido）的警察和联邦调查局行为分析部的成员，从一开始就认定凶手是与受害者关系密切的人。警探拉尔夫 · 克莱托（Ralph Claytor）和克里斯 · 麦克多诺（Chris McDonough）将目光锁定在斯蒂芬妮十四岁的哥哥迈克尔（Michael）身上。警察在父母不知情的情况下，把当时正在生病发烧的迈克尔带去审讯，先是连续三个小时，然后又是不间断的六个小时。警探对他撒了谎，说在他的房间里发现了他妹妹的血迹；斯蒂芬妮的手中有几缕迈克尔的头发；凶手一定是家里人，因为门窗紧闭，没有被撬的迹象；他的衣服上有妹妹的血；此外——为了给迈克尔施压——声称他没有通过语音压力分析仪[1]的测试。迈克尔当然不记得他曾对妹妹做过那样的事情，也无法提供诸如凶器在哪儿之类的细节，但他最终还是承认出于嫉妒杀死了妹妹。几天以后，警方还逮捕了迈克尔的两个十五岁的朋友约书亚·崔德威（Joshua Treadway）和亚伦·豪斯（Aaron Houser）。崔德威接受了两次二十四小时持续不断的审讯后，最终详细供述了三人的作案过程。

审判前，警察恰好在流浪汉理查德·图伊特案发当晚穿的卫衣上发现了斯蒂芬妮的血迹。这一证据迫使地区检察官保罗·普芬斯特（Paul Pfingst）撤销指控，尽管他宣称自己仍然相信男孩们有罪，因为他们已经认罪了。办案的警探们甚至自费出版了一本书为自己辩护。他们称，图伊特是被政客、媒体和迈克尔的家庭律师利用的替罪羊，为的是免除迈克尔的牢狱之灾。

三名青少年获释后，案件被移交给维克·卡洛卡（Vic Caloca）警探，他不顾地方检察官和自己同事的反对，决定重新调查此案。一些警察停止和他来往，一名法官谴责他重新调查一桩已结的案子，律师们也无视他的求助。由于大家都拒绝帮助他，他必须受批一条法庭判令才能获得实验室的法医检测报告。最后，维克·卡洛卡完成了一份长达三百页的报告，里面详细说明了审理迈

---

① 虽然听上去难以置信，但在美国，警察向嫌疑人撒谎以获得口供是合法的。语音压力分析仪（Voice Stress Analyzer）是一种伪科学技术，通过辨别人们撒谎时声音中的微颤来鉴别说谎者。它和测谎仪（经常出现在电视上）一样，均未被证实有任何有效性。当你在某个专门生产垃圾内容的频道上看到一些骗人的占卜节目时，不要以为根据脸型判断性格这样的胡说八道有任何科学依据。

克尔·克劳和他的两个朋友的过程中使用的所有猜测、错误判断和不确定证据。由于卡洛卡不是原调查组的成员，因此事实证据不会对他造成心理失调，那只不过是证据罢了，而且他能够进行客观评估。

卡洛卡绕过他的上级，跑到地区总检察长办公室（地区检察官保罗·普芬斯特的上级）。总检察长同意对理查德·图伊特提出指控。原调查小组排除流浪汉嫌疑六年后，真凶终于得到了惩罚。当时，没有人能理解这一系列的经过，但是现在我们可以。

原调查组的警探从一开始的反应就和普通人一样：认为自己已经了解了一切必要信息，然后通过筛选证据验证自己的猜想①。他们第一次与嫌疑人面谈时就想快速得到结论：他是否有罪？他们以经验为标准，选择接受某些线索，而拒绝另一些线索，这一定意义上也是采用美国的培训体制的结果：相比谨慎和怀疑，更加重视速度和正确率。何况他们的判断还经常是对的，这更强化了他们对直觉的自信。很多时候，他们只要关注资金流动，或在受害者的关系网中寻找受益者就足够了。虽然从受害者身边下手通常是个好的开始，但还是有必要研究所有替代选项。显然不是每次都有警察这么做。

---

① 丹尼尔·卡尼曼在奇普·希思（Chip Heath）和丹·希思（Dan Heath）撰写的关于“决策”的著作《行为设计学》（*Decisive: How to Make Better Choices in Life and Work*）中指出，他永远为之感到惊讶的是，我们似乎无法承认“我不知道”。当我们必须做出决策时，即使我们掌握的信息很少，我们也会认为所见即一切，然后仓促得出结论。卡尼曼将此称为“灯塔效应”[34]，即我们将自己感知到的信息比作灯塔的光，通过它照亮周围的事物。

例如，警探排除图伊特是因为："鉴于他是精神分裂症患者和瘾君子，他在接受测谎的时候可能正受到某种药物的影响，或正处于精神分裂发作期，语音压力测试不可靠。"你们看看他们都是什么烂逻辑：我们的破仪器虽然不准，但只要用在我们的怀疑对象身上，无论如何它都会证实我们的猜想；我们永远不会对我们觉得无辜的人使用，因为它根本不会起作用。

这可不仅仅会导致审讯偏差。洛杉矶警察局兰伯特分局成立过一个反帮派小组，其中几十名成员最终因错误抓捕和冤枉无辜者遭到审判。在该小组侦办的案件中，有近百个判决被撤销。1989 年，纽约州的一项调查发现，萨福克县警察局因为严刑逼供、非法窃听、丢失或伪造证据进行强制抓捕，致使大量重要案件的判决无效。

所有这些警察都认为，他们肩负着崇高的职责，将坏人绳之以法的意义远远高于程序正义。专家安德鲁·麦克劳格（Andrew McClurg）认为，这些人相信在这种情况下撒谎是道德的，而非不道德的行为。他建议，应该通过帮助警察理解认知失调，减少或消除他们的不正义行为[35]。

1992 年，负责调查纽约警方腐败案件的莫伦委员会表示，伪造证据"在某些警察局中是家常便饭，以至于出现了一个专有名词——谎证①。"警察撒谎以便合理化逮捕、搜查和许多其他行动。

---

① 英文原文是 testily，是一个文字游戏，用 lie（说谎）和 testify（作证）组成一个新词，即"谎证"。

在法庭上宣誓以后，警察表示，他们让嫌疑人停车是因为发现车灯坏了；要求驾驶员出示驾照的时候，他们看到了毒品或毒品交易等情况。莫伦委员会调查的一名警察宣称（我一字不差地引用他的话，因为如果在西班牙，他会成为一个了不起的政客）：“要是我们抓到了坏人，还管什么狗屁宪法[①]。为什么不能伪造证据？他们可是罪犯。”

这种现象为什么会出现？一方面纯粹是因为认知失调的影响，以及被自身想要消除它的迫切需求所驱使；另一方面是因为，所谓的某些审讯技巧其实在助长警察的认知偏差。多年以来，警方将莱德九步审讯法视为圣经。弗雷德·E·英鲍（Fred E. Inbau）、约翰·E·莱德（John E. Reid）、约瑟夫·P·巴克利（Joseph P. Buckley）和布莱恩·C·杰恩（Brian C. Jayne）在其合著的《刑事审讯与供述》（*Criminal Interrogation and Confessions*）中对该审讯法有详细解释。如果你想研究认知偏差，这本手册将对你大有裨益。

首先，手册里指出，你不必担心一个无辜者会因为书中教你的技巧被迫承认自己有罪，因为一个无罪之人绝对不可能承认自己没做过的事。根据作者的说法，当警察诬告你犯下未犯之事时，人的自然反应是感到愤怒。

---

① 他的原话是“If we’re going to catch these guys, fuck the Constitution”。在调查委员会面前，这家伙还真是口无遮拦。他除了挺会解决认知失调以外，还挺不要脸的。

事实上并非如此。在强烈的认知失调的作用下，人的自然反应是感到困惑和绝望，因为我们想不到警察会对我们撒谎。但是，使用这种方法的警察从一开始就带有偏见。手册里说，只有在能合理定罪时警察才会对嫌疑人进行审讯。但这样做有一定风险，因为一旦你能够“合理定罪”，无论嫌疑人做什么都无法改变，他所做或所说的一切都可以被诠释为证据。莱德九步审讯法教审讯的警察使用“不要撒谎，我们知道你有罪”之类的话术；以及，如果嫌疑人否认他有罪，恰好证明他有罪，因为罪犯会否认一切。这些完全是可怕的陷阱：无辜者和有罪者都会声明他们没有犯罪，所以他们的答案会是一样的。

莱德九步审讯法的支持者对认知失调的理解也显然是有偏差的（至少在针对别人的时候）。他们知道，如果嫌疑人有机会为自己的清白辩护，那么他相当于公开进行承诺，之后再认罪的可能性就很小了。一个人越强烈地否认自己有罪，就越难坦白自己的恶行，即便他只是想解决自己的认知失调。所以你应当及时避免这种情况的发生，例如，通过捕捉语言或非语言信号判断嫌疑人是否准备否认。这时候，你要用类似“佩佩（Pepe），等一下”这样的命令打断他，然后再继续审讯。

一旦审讯者急于验证自己的假设，就会表现得更具攻击性，这进而会导致嫌疑人表现得更加可疑。社会心理学家索尔·卡辛（Saul Kassin）进行了一项实验，他将已知有罪或无罪的人与审讯者进行一对一配对，审讯者当中有部分人知道嫌疑人真实的犯罪情况，而剩余的人知道的情况正好相反。因此，存在四种可能的组合：有罪的嫌疑人和知道他有罪的审讯者；无辜的嫌疑人和知道他无辜的审讯者；有罪的嫌疑人和以为他无辜的审讯者；无辜的嫌疑人和以为他有罪的审讯者。最致命的组合，是无辜的嫌疑人和以为对方有罪的警察，这个组合中的审讯者表现得最有攻击性和压迫性。此外，嫌疑人越努力否认，警察就越相信他有罪[36, 37]。

卡辛在此基础上做了进一步研究。他证明，在现实中，经验和临床思维毫无意义。在他的另一项实验中，他招募了一些囚犯，要求他们面对镜头供述自己真实的犯罪经过；另一方面，他假借其他罪犯的姓名，起草了一些虚假的案件陈述（即罪犯确有其人，但犯罪事实是捏造的）。卡辛让一群大学生和一群训练有素的警察评估那些录好的供述，指出其中哪些是真实的。两组的成功率均未高出随机概率，即 50%，但警察那组对自己的判断更有信心[38]。就像许多相信压抑记忆的临床心理学家一样，训练并不能让警察在甄别谎言或犯罪方面具备更强的能力，只能让他们提高自信心。

莱德九步审讯法的下一阶段是教导警察，要相信他们有能力从非语言行为中发掘线索。但是接下来的一些观点简直毫无逻辑，仿佛是从《时尚》杂志（*Cosmopolitan*）[①] 的心理学板块摘抄的。如果嫌疑人出汗、看起来很紧张，或者看起来很冷静和自制，那

① 说明一下，读这些杂志学不了心理学。

么他有罪；如果他弯着腰坐，或者坐得很直，他也有罪；如果他声称自己无罪，他就有罪；如果他不看你的眼睛，那么他在撒谎。请注意，这里有意思的是，手册建议你“拒绝和嫌疑人产生眼神接触”。换句话说，我们拒绝与嫌疑人眼神交流，然后说他不敢直视我们，所以他有罪？

莱德九步审讯法是一个循环论证：我怎么知道嫌疑人有罪的呢？那就是无论他做什么，他都有罪。我和我的同事按照手册上的建议连续审讯了“嫌疑人”十二个小时，对方供认不讳。既然嫌疑人坦白，那么他肯定有罪，所以案子结了。因为一个无辜的人永远不会承认自己没有犯下的罪行。只要他坦白了，就证明方法有效。

卡辛在一项研究中讨论了一起军事案件。该案件中，没有确凿的证据证明被告有罪，但是警察对他进行了无休无止的、咄咄逼人的讯问。当卡辛询问其中一位警察为什么那样做时，他回答：“我们知道他没有说出全部真相。他的一些非语言行为暴露出他试图保持冷静，但是你能看出他很紧张。而且每次你问他话时，他的眼睛总是来回移动，不直视你。有时候他还表现得很古怪，比如有一次他哭了。”

根据卡辛的说法（我同意他的论点），这位警察描述的不是一个说谎的人，而是一个处于压力之下的人。那些表现根本不是撒谎的证据：他只是因为被审讯而感到紧张，因为如果他被判有罪，可能要承担非常严重的后果。况且如果你是无辜的，你会感到更多的压力，而非更少。所谓无罪者无惧，只是你姐夫和葡萄酒大战100个回合喝得醉醺醺以后会说的胡话。当一个无辜的人发觉自己被诬告了，他比有罪的人更害怕。因此他感到焦虑是再合理和正常不过的行为。但是，真是多亏了那些心理学“专家”，人们普遍认为焦虑是撒谎的证据。这是不正确的。

莱德九步审讯法的倡导者声称，他们的系统能让你的鉴谎准确度提升到80%~85%。这点没有任何证据。它唯一能增强的是你对自己测谎能力的信心，除此之外还会加重你发现矛盾证据后产生的认知失调。此外，卡辛和冯（Fong）使用莱德九步审讯法训练了一群大学生，然后让他们观看了一些经验丰富的警察审讯犯人的录像，里面要么是有罪的人在否认自己的犯案事实，要么是无辜者在否认自己有罪。之前的训练并没有提高学生辨别真话和谎言的能力，他们的正确率和随机概率依旧差不多。让我再重复一遍：掷硬币判断某人是否有罪的成功率还会更高一些。如果在平均有14年经验且其中三分之二接受过莱德训练的老警察身上做相同的实验，结果与学生组完全相同。不同的是，警察认为自己的成功率接近100%。

在精神分析（和其他非循证医学）中也会发生类似情况。如果患者病情确实好转，或者他说自己在好转，就证明治疗有效。如果病情没有改善，就是患者不配合，隐瞒了部分实情。不过这也能反向证明治疗师的预测准确。无论患者做什么，无论他是否有所改善，精神分析师都可以声称自己的治疗手段是有效的。

莱德手册的作者被人认为是该领域的权威人士，拥有不可撼动的地位，但实际上，他遗漏了科学思维中一个最重要的法则：在下结论前必须全面考虑到引起一种现象或行为产生的多重可能因素。他的方法实际上是先预设一个方向，然后不断强化这个先入为主的偏见，如果出现了相反的证据，就利用一些借口纠正认知失调。

这很好地解释了为什么警察和律师可以对伪证深信不疑，并拒绝改变观点；也能解释为什么一个无辜的人，即使不被植入错误记忆（如英格拉姆案），也会承认莫须有的罪行。当一个无辜者被假定他有罪的警察讯问时，这个人会经历两种认识之间的失调：

第一，我不在场，不是我做的，我不记得做过。

第二，值得信赖的权威人士告诉我，凶器上有我的指纹，我的衬衫上有被害者的血迹，并且有一名目击者在现场看见了我，虽然我当时确实不在场。此外，他告诉我，有时人们犯错后会因为内疚压抑记忆[①]。

我们如何解决这种失调？有些人声称第二点不构成问题，因为他们相信自己的判断，或者他们有钱请好律师，或者会出于以前的个人经历和观察去质疑警察。如果你觉得警察在蓄意诋毁你，你就说出这个咒语："我要请律师。"但是很多人认为，如果你是无辜的，你就不需要律师。而且在这种情况下，人们更急于理解

① 在某些情况下，警方甚至告诉嫌疑人他可能患有多重人格，所以不记得发生了什么。然而目前西方学界流行的共识是，并不存在多重人格障碍，它仅仅是治疗师的一种推论，和之前提过的撒旦仪式一样毫无根据。

当下的情况并找方法解决自己的认知失调，而不是进行自我辩护。再加上马拉松式的审讯，没有休息，孤立无援，无辜者很容易屈打成招。回头看中央公园抢劫案的青少年嫌疑犯的审讯录音，我们会发现，当时用来定罪的证据宛如不能见光的吸血鬼。男孩们的陈述里充满了矛盾、错误、假设和警察耍计谋植入的信息。而且，更讽刺和出人意料的是，实际上他们中间没有一个人承认“强奸”了那位在公园慢跑的女性。一个人说“抓住”了她，另一个说“摸了她的胸部”，还有一个说“抓住并摸了她的腿”。他们不愧是在编故事，几乎每个人在每一个犯罪细节上都各执一词，连谁带的头、谁控制了她、谁强奸了她、使用了什么武器等都没有统一说法。警察和律师都不在乎，因为他们已经认定那几个青少年有罪。而且为了避免产生认知失调，他们必须要扫除不和谐因素。

认知失调在各行各业都非常普遍，经常会造成负面影响。没有任何一个群体能幸免于此，并非只有相信火星人会来拯救他们的奇怪团体，或相信鬼魂和新时代招魂术的疯子才会固执己见。此外，还有不复核诊断结果的医生；采用非循证模型的心理学家；做出错误判决的法官；前文提到的律师和警察；一味相信自己的理论、拒绝质疑，甚至为证明自己的观点操纵实验结果的科学家……培训（我们已经看到，接受培训的结果甚至更糟）、经验、专业知识都派不上用场。每个人都难逃认知失调。

总结

认知失调是一种糟糕的体验，当我们试图持有两个或多个矛盾的想法，或者我们的行为与规范行为的价值、准则间存在差异时便会产生。

我们可以通过改变自身行为来解决认知失调，但我们更愿意为自己找借口，比如通过给自己讲故事来消除或减少失调感；合理化吸烟的行为，哪怕我们知道它有害健康；合理化闯红灯的行为，即便我们认为自己遵纪守法。

当我们有一个不理智的观念，并且有证据表明我们犯了错的时候，我们就会遭受认知失调。通常，为了消除失调，我们找借口平衡对立的证据。这时，确认偏见发挥作用了：我们会更加关注并更加相信能验证我们固有观点的信息，同时摒弃或忽略与之相矛盾的信息。

认知失调及其解决办法往往会使我们的行为走向极端。例如，我们袭击某人（破坏了我们的好人面具）后产生了认知失调，然后我们对自己说“这个人活该”以此来合理化刚才的不当行为，然后可能会进一步引发暴力行为的升级。

认知失调还会促使我们检查、修改记忆，以便使我们自己的行为始终能得到合理解释。我们以为记忆是录像机，而实际上它是一个重构和应用的过程。一方面，我们修改记忆，使其与我们讲述的故事保持一致；另一方面，诱导他人产生错误记忆是一份轻松的工作，尤其在某些特定情况下。

没有一个人类群体能免于认知失调及其影响。但某些群体的自我辩护行为可能会触犯法律，如警察。针对这些群体，要加强预防和培训。

参考文献

[1] WEISBERG B. Talking to the dead：kate and maggie fox and the rise of spiritualism[M]. San Francisco：Harper，2004.

[2] FESTINGER L，RIECKEN H，SCHACHTER S. When prophecy fails：a social and psychological study of a modern group that predicted the destruction of the world[M]. New York：Harper Books，1956.

[3] TAVRIS C，ARONSON E. Mistakes were made (but not by me)：why we justify foolish beliefs，bad decisions and hurtful acts[M]. Boston：Harcourt，2007.

[4] NICKERSON R S. Confirmation bias：a ubiquitous phenomenon in many guises[J]. Review of General Psychology，1998，2(2)：175-220.

[5] BRUCE L. How to talk dirty and influence people[M]. Chicago：Playboy Press，1966.

[6] KUNDA Z. The case for motivated reasoning[J]. Psychological Bulletin，1990，108(3)：480-498.

[7] WESTEN D，KILTS C，BLAGOV P. The neural basis of motivated reasoning：an fMRI study of emotional constraints on political judgement during the US presidential election of

2004[J]. Journal of Cognitive Neuroscience, 2006, 18(11): 1947-1958.

[8] LORD C G, ROSS L, LEPPER M. Biased assimilation and attitude polarization: the effects of prior theories on susequently considered evidence[J]. Journal of Personality and Social Psychology, 1979, 37(11): 2098-2109.

[9] GOODWIN D K. No ordinary time[M]. New York: Simon and Schuster, 1994.

[10] TAVRIS C. Anger: the misunderstood emotion[M]. New York: Simon and Schuster, 1989.

[11] KAHN M. The physiology of catharsis[J]. Journal of Personality and Social Psychology, 1966, 3(3): 278-298.

[12] JECKER J, LANDY D. Liking a person as a function of doing him a favor[J]. Human Relations, 1969, 22(4): 371-378.

[13] TETLOCK P. Expert political judgment: how good is it? how can we know?[M]. Princeton : Princeton University Press, 2005.

[14] PRONIN E, GILOVICH T, ROSS L. Objectivity in the eye of the beholder: divergent perceptions of bias in self versus others[J]. Psychological Review, 2004, 111(3): 781-799.

[15] JOST J, HUNYADY O. Antecedents and consequences of system justifying ideologies[J]. Current Directions in

Psychological Sciences, 2005, 14(5): 260-265.

[16] JONES E, KOHLER R. The effects of plausibility on the learning of controversial statements[J]. Journal of Abnormal and Social Psychology, 1959, 57(3): 315-320.

[17] WISEMAN R. ¿Esto es paranormal? Por qué creemos en lo imposible[M]. Barcelona: RBA LIBROS, 2011.

[18] BUCKHOUT R. Eyewitness testimony[J]. Scientific American, 1974, 231(6): 23-31.

[19] TVERSKY B, MARSH E J. Biased retellings of events yield biased memories[J]. Cognitive Psychology, 2000, 40(1): 1-38.

[20] OFFER D, KAIZ M, HOWARD K I, et al. The altering of reported experiences[J]. Journal of the American Academy of Child and Adolescent Psychiatry, 2000, 39(6): 735-742.

[21] PENNEBAKER J W, EVANS J F. Expressive writing: words that heal[M]. Bedford: Idyll Arbor, 2014.

[22] MOST S B, SIMONS S J, SCHOLL B J, et al. How not to be seen: the contribution of similarity and selective ignoring to sustained inattentional blindness[J]. Psychological Science, 2001, 12(1): 9-17.

[23] MAECHLER S. The wilkomirski affair: a study in biographical truth[M]. New York: Schocken, 2001.

[24] LOFTUS E，KETCHAM K. The myth of repressed memory：false memories and allegations of sexual abuse[M]. New York：St Martin's Press，1994.
[25] MAZZONI G，MEMON A. Imagination can create false autobiographical memories[J]. Psychological Science，2003，14(2)：186-188.
[26] MCNALLY R. Remembering trauma[M]. Cambridge：Harvard University Press，2003.
[27] SHERMER M. Por qué creemos en cosas raras：pseudociencia，superstición y otras confusiones de nuestro tiempo[M]. Barcelona：Alba，2008.
[28] CLANCY S A. Abducted：how people come to believe they were kidnapped by aliens[M].Cambridge：Harvard University Press，2007.
[29] MASTEN A. Ordinary magic：resilience processes in development[J].American Psychologist，2001，56(3)：227-238.
[30] KAUFMAN J，ZIGLER E. Do abused children become abusive parents?[J]. American Journal of Orthopsychiatry，1987，57(2):186-192.
[31] BASS E，DAVIS L. El coraje de sanar[M]. Barcelona：Urano，1995.
[32] OFSHE R，WATTERS E. Making monsters：false

memories, psychotherapy, and sexual hysteria[M]. New York: Scribner, 1994.

[33] GROSS S R, JACOBY K, MATHESON D J, et al. Exonerations in the United States, 1989 through 2003[J]. Journal of Criminal Law and Criminology, 2005, 95(2): 523.

[34] HEATH C, HEATH D. Decídete: cómo tomar las mejores decisiones en la vida y el trabajo[M]. Madrid: Gestión 2000, 2013.

[35] MCCLURG A.J. Good cop, bad cop: using cognitive dissonance theory to reduce police lying[J]. U.C. Davis Law Review, 1999, 32: 389.

[36] KASSIN S. On the psychology of confessions: does innocence put innocents at risk[J]. American Psychologist, 2005, 60(3): 215-228.

[37] KASSIN S, Fong C T. I'm innocent! effects of training on judgments of truth and deception in the interrogation room[J]. Law and Human Behavior, 1999, 23(5): 499-516.

[38] KASSIN S M, NORWICK R J, MEISSNER C J. I'd know a false confession if I saw one: a comparative study of college students and police investigators[J]. Law and Human Behavior, 2005, 29(2): 211-227.

第四章

阴谋论控制世界

不会因为你是偏执狂

他们就不会来抓你。

——《领土的迷失》（*Territorial Pissings*）[1]

①涅槃乐队（Nirvana）代表作，主唱科特·柯本（Kurt Cobain）。

吉姆·琼斯（Jim Jones）教会故事

一想到阴谋之类的东西，我们常常会得出这样的结论：相信阴谋论的人被洗脑了。尽管读到这里，我相信你们已经能意识到，洗脑不是相信谣言的必要条件，但有些例子证明，我们仍然容易受到他人影响。最臭名昭著的例子之一就是琼斯镇大屠杀。

吉姆·琼斯于1931年出生在美国印第安纳州一个村庄[1]，自小时候起，他就投身于宗教、折磨动物的研究和思考死亡之中。他的邻居们认为他是一个非常古怪的孩子，此外，他的行为让许多人怀疑他可能是个精神病。他从很小的时候就开始传教：把床单披在身上当作长袍，假装给其他孩子布道。十几岁时他加入了卫理公会，但由于他想向世人普及教义，而上级禁止他向其他种族的人传播福音，所以他离开了这个教会。

1955年他召集了一个小团体，创办了人民圣殿教，通过挨家挨户出售可以家养的猴子来为教会募资。没错，就像我所说的，他在销售的同时，也练习了公开演讲的技巧，成了一个出色的演说家。他呼吁种族融合和平等，鼓励他的追随者为穷人提供食物和工作。他的善举使他很快就收获了一千多名信徒。他开了一个救济所和一个养老院，帮助吸毒者、穷人和酗酒者。对于一个过去折磨动物并假扮撒旦的人来说，这看起来是不错的改变。

十年后，他声称美国中西部将成为核攻击的目标，于是将教会搬到加利福尼亚州的雷德伍德城。他的预言没有应验，但正如前一章描述的一些案例，他的信徒们毫不在意，还继续忠诚于他。虽然到目前为止，如你们所见，还没造成什么危害，但此后事态急转直下。

琼斯开始（就像这类情况经常会发生的那样）要求他的信徒尽可能不离开圣殿，假期不要回家，待在圣殿，并将他们的金钱和财产上交教会。琼斯染上了毒瘾，给自己制造了一堆政府在追捕他们的幻想。由于信徒们身上强大的、病态的信仰，该地区的记者开始对圣殿产生兴趣。琼斯又搬到了旧金山，扩大了在当地的影响力，教会规模扩大了一倍。记者们争先恐后地跟踪报道，试图更加深入地了解他理想中的乌托邦。从这里开始，他在错误的道路上越走越远。

琼斯在南美洲北海岸的圭亚那找到了一个理想基地。当地官员很容易被贿赂，所以他能购买大量武器和毒品。1974 年他买下了一万六千平方公里的丛林，在那儿建立了一个小镇，还厚颜无耻地用自己的名字命名。他的数百名信徒搬到琼斯镇，忍受着恶劣的生活条件，与世隔绝。当地土壤质量差，无法耕种，最近的水源在十一公里以外，由几条泥泞的小路连接。不出所料，信徒在当地生活后产生了各种疾病。根据琼斯介绍，信徒们每天工作十一个小时，然后参加布道和听课。小镇风纪严厉，惩罚措施包括被关在废弃的井底或棺材形的小木箱里几个小时。

1978 年 11 月 17 日，国会议员里奥 · 瑞恩（Leo Ryan）前往

小镇调查是否存在非法拘禁行为。尽管第一天，每个人都在谈论教会生活多么美好，但是，晚上有几个家庭告诉瑞恩他们实在忍受不了了，非常想离开。第二天一早，十一名教徒穿越五十公里的丛林试图逃跑。几个小时后，瑞恩和另一小群教徒试图前往附近的停机坪，搭乘飞机飞往美国，圣殿教的武装安全指挥部——红色旅的成员——开枪打死了瑞恩和同行的几名教徒[①]。

琼斯意识到杀死一名国会议员是一件大事，自己不会有好结果。随后他召集了他的信徒，告诉他们发生了什么，并告诉他们美国政府将进行报复。他鼓励大家参与一场“革命性的集体自杀”。他拿来了大桶的添加了氰化物的酷爱饮料（Kool-Aid）[②]——一种葡萄味的果汁饮料，命令所有人喝下它。他让身为父母的人先给孩子服下，再自己喝。一个保存下来的录音证明，有些人不想这样做，琼斯鼓励他们：“无论在你耳畔响起何种尖叫或者痛苦的哭泣，都不要理会，死亡比活着好一百万倍。如果你知道前方是什么在等你，你将乐意在今晚通往极乐。”

当天有九百多人死亡，其中包括二百七十名儿童。尽管有武装警卫给予信徒压力，但其中大多数人都是自愿服毒。一个女人死前在她的手臂上写下：吉姆琼斯是救世主。“9·11”恐怖袭击发生以前，从未有过这么多美国平民在非自然灾难中丧生。

---

① 里奥·瑞恩成为美国历史上唯一因公殉职的国会议员。

② 由于这场悲剧，英语中使用“to drink the Kool-Aid”（喝酷爱饮料）表示某人已经被某个教派吸纳。

像这样的大屠杀，或者韦科大卫教惨案[1]，吸引了心理学家、政治家、记者和许多其他专业人士的兴趣。如何说服普通人为不知道从哪儿刮来的精神领袖提出的荒谬点子而献出他们拥有的一切，甚至生命？

在本章中，我们将了解常用于培养信徒的说服术。

---

① 一部名为《韦科惨案》（*Waco*）的迷你剧详细介绍了那里（可能）发生的事情，感兴趣的人可以看看。

说服术的关键：循序渐进

只要研究一下吉姆·琼斯信徒的案例，我们就会立即想到许多可能的简单解释，因为我们已经通过本书学到了一些东西。也许他们中的一些或大多数人意志不坚定，容易被谎言欺骗，或被种族和谐等言论煽动。此外，教会可以给被孤立或孤独的人提供一个社区环境、一种归属感。琼斯镇的一位幸存者说，你加入的不是一个教派或政治团体，而是你非常喜欢的一群人。

上述原因可能发挥了一点作用，但如果掌握了四个关键因素，说服术似乎能产生更好的效果（琼斯了解这一点）。

如果我要求你立即做一件非常离谱的事情，比如把你所有的钱都给我或在旁边围观我杀人，你肯定会让我滚，事情到此为止。但是，教唆人作恶的教派和边缘团体（以及不那么边缘的一些）从来不会一开始就要求你做罪大恶极的事情。说服术是循序渐进的，从小事开始，像滚雪球一样越滚越大。

在一项经典研究中，弗里德曼（Freedman）和弗雷泽（Fraser）装作志愿者，在社区挨家挨户敲门向居民解释该地区的交通事故发生率很高，询问他们是否介意在社区内树一个“小心驾驶”的标志[2]。标志实际是一个广告牌，会影响房子和花园的美观（这是一个单户住宅区）。显然，很少有人接受这个提议。下一阶段，研究人员重新找了一组居民做了一个不同的测试，他们建议居民增加一个“谨慎驾驶”的标志，但这次是一张 A2 大小的贴纸，从外面粘在窗户上。由于贴纸不影响房屋外观，所以几乎每个人都接受了。两周后，研究人员回到这个社区，提议修建一个巨大的广告牌，超过 75% 的居民接受了。为什么？还是因为认知失调。一旦你同意向某人做出一个小让步，今后你就有可能做出更大的让步，因为两者是一致的（你已经认为自己会帮助那个人了）。总之，如果你已经帮了小忙，再多帮一点也没什么。

罗伯特·西奥迪尼（Robert Cialdini）将这一技巧称为“一致性原则”[3]。根据西奥迪尼的说法，我们积极地维护我们当前的行为与之前的行为，或与之前表现出来的行为偏好保持一致（联想到费斯廷格所说的，我们被迫做出某件事后，会调整个人观点，使之与之前展现的形象一致）。正因如此，当说服者展示出他对我们的要求与我们之前做过的其他事情，或与我们对自己的看法一致时，我们更容易被说服。举一个典型的例子：“你不是很喜欢运动吗？所以我不明白你为什么周六不来跑步。”

琼斯和许多其他邪教的领导者都在使用这个技巧来操纵他人。首先，他们要求信徒进行少量捐赠，数额小到没有人会拒绝；其次，随着时间推移，他们逐渐提高额度，人们也不拒绝。此外，认知失调也迫使人们持续捐钱，因为一旦开始就没有理由结束，不然这意味着捐款是假，骗钱是真。最终，他们会要求信徒承诺奉献自己的全部财产。

时间上也是如此。起初，信徒每周只需要贡献几个小时，这对新手来说通常很简单。然后时间慢慢拉长，比如你必须参加越来越漫长的仪式、帮助吸纳教徒、给政治家和媒体写信等。

采用这种循序渐进的方法或“一致性原则”并不是万无一失的，没有什么说服技巧是绝对成功的。一般来说，它只适用于立场不清晰的人，因为它在坚定反对的人身上根本不起作用。

群体压力

我们已经在第二章中讨论了所罗门·阿希的实验，认识到群体压力虽然并非对所有人有效，但的确会影响很多人。人民圣殿教就是一个集体压力的例子，它为我们解释了，为什么大多数邪教都会把新成员与外界影响隔离开——孤立更易使人被操纵。

琼斯知道任何持不同意见者都可以破坏他的计划，所以他非常小心，不让任何人有机会联合或结盟（在阿希的实验中，即使只有一个同谋给了真实的答案，被测试者服从集体意见的概率也会减小）。琼斯试图让人们以个人为单位入教，而不是成群结队，而且他有眼线时刻监视是否有异见产生。异见者会被公开羞辱，所有教民都参与惩罚，就好像反乌托邦剧集《使女的故事》（*The Handmaid's Tale*）中“夫人”之间互相伤害的行为：违反规则的人站在中间，她的同伴围成一圈，用手指着她，提醒她自己所犯的错。琼斯还把家人和朋友分开，孩子们在参加弥撒时要远离父母，由其他教民进行教育。他还鼓励人们无视婚姻道德，随意同他人发生性关系，因为他认为这样会削弱配偶关系。

最后是地理隔离。琼斯镇不仅在社会性上与外界脱轨，而且地理上实实在在地被数英里的丛林包围，没有电视信号，没有广播，也没有纸媒，只有邪教的教义[①]。琼斯对信徒的教化已经达到了一定程度：在集体自杀期间（根据当时录下的录音带），一名妇女大喊“婴儿应该活下去”，琼斯立刻反驳“婴儿更应该在死亡中得到安宁，让他们离开这个该死的世界就是最好的证明”，人群随之欢呼“结束了，姐妹，这一切太棒了”和“我们准备好了”。

---

① 这就是为什么人们通常认为，在不完全封闭的环境中进行政治教化是无用的。为了使集体压力发挥作用，目标必须尽可能被孤立、尽可能被剥夺资源。当人们可以接触到各种观点和各种来源的时候，就不可能实现教化。只能说，我们会由于确认偏差，倾向于赞同与个人观点一致的理论。换句话说，除非我们处于一个类似于封闭教会的环境中，否则我们只会自我教化。

假奇迹

人们本身就容易相信胡说八道，而琼斯充分利用了这一弱点，在弥撒上制造假奇迹。他假装从病人嘴里取出肿瘤（实际上是他藏在手里的鸡胗）、治疗瘸腿（事先与“瘸子”勾结）、预言（他的眼线负责翻信徒的垃圾寻找信件等）。琼斯告诉他的亲信，帮助他制造这些假奇迹是为了将他真正的力量用在更重要的事情上。

因为这些奇迹本身可能会吓跑怀有疑虑的人，所以琼斯不让所有人看到。他只在私人仪式上进行展示，而只有那些在“精神发展”等方面“取得进步”的人，也就是说，那些已经为琼斯做出奉献（时间和金钱上）的人才能获准参加，因为他们有更强的理由相信这些胡说八道的教义。

入场价格越高越好

认知失调再次发挥作用了。

1959年，埃利奥特·阿伦森（Elliot Aronson）研究了一个问题：为什么一个东西越难获得，越被我们珍视。这涉及一个入会门槛的问题[4]。

一些被测试者被邀请参加一项性心理学研究，很多人同意了。阿伦森向他们解释称，由于之前很多被测试者都在实验中感到非常尴尬，为了确保他们能够处理好情况，他们必须先通过一项测试。

你来设想一下：你是一名20世纪50年代后期的大学生，可能是一名比现在更加虔诚的清教徒。有人给你一张单子，上面全是淫秽的词汇——色情电影的台词和两段描述性爱场景的文字。他们要求你大声朗读这些内容，同时他们会测量你脸红的程度。在忍受了极度尴尬以后，他们告诉你，你已经通过测试，可以参加实验。此时，你已经在想象实验将是怎样一番场景，但随后阿伦森告诉你，羞耻测试持续的时间超出了预期，有关性话题的讨论已经开始了。他们把你带到一个小隔间，向你解释，为了保证匿名性（记住是20世纪50年代），所有参与者都在不同的房间里，然后给了你一副耳机。估计这时候已经有人想把手伸进裤子里了。

在完成这一切之后，你发现，实际上大家在讨论一本名为《动物性行为》（*La conducta sexual de los animales*）的书。然后调查员折回来，请你评估想加入该小组的程度。

这个实验的陷阱在哪里？我们刚刚描述的是实验组的被测试者做过的测试。对照组的人阅读了一份没有那么多色情内容的词汇列表，上面也没有描写性爱场景的段落。然后他们听了同样的讨论，阿伦森尽可能将它设计得令人难以忍受——参加讨论的人总是停顿很长时间，说话没有逻辑、拐弯抹角，主题枯燥乏味……

在那个年代，一般情况是，通过较难测试的人会由于之前糟糕的经历不太愿意加入讨论组。但阿伦森和认知失调理论预测，通过较难测试的人会更想加入讨论组。事实的确如此。

那些不得不大声朗读淫秽文字的人遭受了更严重的失调，导致他们更想合理化自己的尴尬经历，所以更加卖力地说服自己——讨论组值得加入，以提高自己加入的意愿，同时他们对组内其他成员的评价也更好。甚至，在这个实验中，当一个人承认自己没看过测试材料时，实验组的被测试者会逼他承认错误，还会在调查问卷中骂他是个浑蛋，不配参加这么有趣的活动。

这就是为什么很多团体要求新成员接受痛苦的、羞辱的和可怕的入会仪式；这就是为什么在大多数前工业社会中，成年时需要接受高风险和高付出的考验。例如，马赛人需要在连续放牧七天后接受无麻醉包皮环切，以证明他们有成年的勇气[5]。而这只是众多仪式之一。

在日常的层面上，这就是很多选择的根源。例如，如果我们要在两家酒吧中选一家，我们往往更愿意去看起来客人爆满的那家，尽管理应选择另一家。一方面，从众效应让我们追随别人的喜好；另一方面，越排他的地方越吸引我们，因为我们认为花费更多精力才能进的地方会更好。最负盛名的大学也是如此，但总体来说，这些大学在就业方面的表现并不比其他排名稍后的大学更好，尤其是工商管理专业（MBA）。菲弗（Pfeffer）和冯证实，攻读 MBA 并不会提高就业率或工资水平，公司业绩与其高层管理人员是否有 MBA 学位无关[6]。然而，最昂贵和高门槛的商学院在背后做文章，确保人们相信这种培训是一项潜力投资，将大幅度提高收入。大家削尖了头往里挤，尽管没有任何事实证据证明它真的能提供助力。

琼斯强迫圣殿教信徒参加长度堪比马拉松比赛时长的会议，写忏悔信，将财物交给集体，允许其他人教育他们的孩子。只要信徒们服从这些规定，他们对教会的忠诚度就会增加。

这个过程，就像所有信念的形成过程一样，是在很长一段时间内逐渐发生的。再加上认知失调的影响，随着信徒的态度发生变化，他们就会改变自己的行为，以至于认为自己从来便是如此。如果有外人指出他们发生了巨大变化，他们只会更加确信自己正在做正确的事。

邪教不需要催眠，也不需要使用复杂的精神控制策略，甚至不需要找心志脆弱、易被左右的目标。这让每一个人都处于危险的境地。

我们就是喜欢阴谋论

邪教显然是个问题，但我们已经看到，你加入邪教后也会被各种谣言侵蚀，相信各种复杂的阴谋论，比如称某个或多个邪恶势力在暗处操控“9・11”事件、肯尼迪遇刺案、“3・11”马德里连环爆炸案、汽油价格和你的手机信号。互联网上流传着大量模因[①]、视频和文字，向我们传播或解释为什么我们还没有到达月球；火星上有秘密基地；地球是空心的，里面住着纳粹；政府动用飞机向我们喷洒化学凝结尾[②]……让我们变傻，失去生育能力，以便强制建立新世界秩序（New World Order）[③]……

当我写下这些字的时候，我在巴塞罗那一个名为“由我们决定”（Decidim Barcelona）[④]的网站上发现了一份请愿书，里面一位市民要求巴塞政府禁止“产生凝结尾的飞机”（不知道这是什么）飞行、熏蒸消毒和地理气候工程（谁知道这是什么）；此外，

---

① 出自科学家理查德・道金斯（Richard Dawkins）所著的《自私的基因》（*The Selfish Gene*）一书，后来成为网络共笔怪谈体系《SCP 基金会》（*SCP Foundation*）中广泛使用的一种概念，被引申为一个带着超自然能力的信息粒子。——译者注

② 所谓的化学尾迹是飞机在飞过天空时留下的持久的凝结尾迹，有人认为这是蓄意向我们喷洒的有害物质，但政府没有进行解释。

③ 新世界秩序（NWO）是一项关于极权主义世界政府的阴谋论，其最终目的是建立一个极权主义的世界政府，取代现今的主权国家或民族国家体制来统治世界。——译者注

④ 巴塞罗那市民可以直接向政府提交请求的网站。——译者注

还要求政府公开反对对公民进行熏蒸，反对北约和美国提出的气候变化行动。该请求被拒绝，网站上回应称，巴塞罗那政府没有决策的权力或能力[7]。我本来希望得到一个更明确的答案（但没有），而不是模棱两可的，这不禁让人怀疑他们也相信化学凝结尾阴谋论。

如果我们要对一个阴谋论下定义，不妨借用格策尔（Goertzel）的说法："阴谋论是对重要事件的阐释，涉及秘密阴谋和邪恶团体"[8]。

我不会在这里列举所有阴谋论，否则我花上一辈子可能都写不完这本书。阴谋论的概念由来已久，大约可以追溯到最早的人类社会形成时期。解释它只要了解几个例子就足够了。

比萨门

古代案例有多种方法去解释（或开脱）。我们可以反驳（虽然现阶段我们大概不会这么做），当时的人比现在无知，所以他们更容易相信谣言。因此我准备了一个最近的例子，一个受阴谋论影响在比萨店开枪的人，相信自己的行为能拯救很多孩子免遭强奸。这是一个糅合了狂热主义、假新闻、互联网谣言和极右翼衰落的复杂故事，主人公是一个戴唐纳德·特朗普小红帽都至少小两码的人。

接下来我为你们讲述比萨门。

2016 年 3 月，希拉里·克林顿（Hillary Clinton）的竞选办公厅主任约翰·波德斯塔（John Podesta）的私人电子邮箱账户遭到黑客攻击，数千封希拉里的电邮被泄露，其内容于同年 11 月被维基解密公开。

然而，这个悲伤的故事于 2016 年 10 月才开始，一个假扮纽约律师且此前一直致力于宣传白人优越主义的名叫大卫·戈德堡（David Goldberg）的人在推特上宣称，在希拉里·克林顿泄露的电邮中，有一些指向该总统候选人与某恋童癖组织有关。据称，比尔·克林顿（Bill Clinton）和希拉里·克林顿是外号“洛丽塔快线（Lolita Express）”的飞机[①]的乘客，因为希拉里喜欢年轻女孩。该声明的支持者表示，这些电邮中包含用恋童癖和人贩子暗语加密的消息。此外，网络上还流传华盛顿一家名为彗星乒乓（Comet Ping Pong）的比萨店是该地区撒旦的聚会点，因为他们不排斥意大利食物。出现这条说法的原因是，有人发现约翰·波德斯塔和比萨店老板詹姆斯·阿勒凡提斯（James Alefantis）有电邮往来。

几个专门传播假新闻的网站参与到故事中，他们声称，纽约警方已经带人包抄了希拉里·克林顿的住所，这个劲爆的消息应该已经从联邦调查局方面得到证实[9]。显然，这些都是假的。

但谣言一旦开始传播，就势不可挡。尽管雷迪特（Reddit）等许多网站删除或撤回了这个假新闻，但很多网站无所作为。根据乔纳森·奥尔布赖特（Jonathan Albright）教授的分析，极大一部分传播和支持这些谣言的推特账户是位于塞浦路斯、捷克共和国和越南的网络机器人。

网上掀起对比萨店经营者的辱骂、威胁和各种骚扰，尽管这是一家十年如一日、“悄无声息”经营着的社区老店。店主的Instagram（一个分享图片的社交媒体）账户被搜索出来，上面发布的任何有儿童在店内的照片都被视为阴谋论的证据。网络暴力甚至影响到了只是在店里演出过的乐队。同一社区的其他比萨店

---

① “洛丽塔快线”是爱波斯坦（Epstein）用来运送少女和客户的私人飞机。

也开始受到类似威胁。在某些媒体上流传着另一个理论，说这是一个规模更大的阴谋“恋童门”的一环，即由新世界秩序的精英组织的邪恶秘密活动——向恋童癖者贩卖儿童[①]。

这与一个我感兴趣的概念有很大关系，概念是由戈登·伍（Gordon Woo）首先提出的，其名为随机恐怖主义（Stochastic Terrorism）[10]。这个理论的基础是，区别于运营一个有成员和基建、可能会被当局发现和消灭的恐怖组织，你可以发布一系列引起恐惧、不适和不安的信息，驱使某个不属于任何组织的他人冒自身风险开展行动或攻击，这可以达到和前者类似的效果。这是个完美的计划，因为当局不容易发现或阻止一个独立行动的个人。这个理论的中心思想是，如果你用足够多的虚假信息和阴谋论轰炸民众，最终会有人为你代劳。这就是“比萨门”的背后逻辑。

2016 年 12 月 4 日，埃德加·韦尔奇（Edgar Welch）从北卡罗来纳州索尔兹伯里赶到彗星乒乓比萨店，手持 AR-15 在店内开了三枪，幸运的是他没有击中任何人。韦尔奇被捕后告诉警方，他听闻比萨店里有被绑架、会遭强奸的儿童，于是决定进行调查。他以为自己能拯救一群身处危险的小朋友。值得庆幸的是，他搜查完店铺没有发现被囚禁的未成年人后，平静地投降了，没有致使他人受伤。这让当天出动的警察（他们也神情焦虑）感到惊讶。

后来，韦尔奇在接受《纽约时报》采访时表示，他为自己的

① 我发誓，写这段胡说八道的内容可花了我一点时间。

处理方式感到抱歉，但不认为自己的判断有误，并拒绝承认那些消息是假的。让我们回顾一下：一个不知名的白痴在极右翼媒体上读到希拉里·克林顿以华盛顿一家比萨店为场所为恋童癖提供服务，于是他拿上自己的突击步枪，开车跑到“犯罪据点”，向空中鸣枪三声，搜查场所，结果没有发现一个孩子，但他仍然相信让他滑天下之大稽的谣言是真的。要是费斯廷格读到这个新闻，肯定会因此住院。

此外，这场荒诞袭击发生三天后，一名男子给彗星乒乓隔壁的贝斯塔比萨店（Besta Pizza）打了数通威胁电话。这位肇事者于一个月之后，也就是2017年1月12日被判有罪。后来这位被称为“美国英雄”的尤西夫·李·琼斯（Yusif Lee Jones）声称，他打威胁电话是为了“拯救孩子”，并“完成韦尔奇没有完成的任务”[11]。2017年1月25日，有人试图在彗星乒乓纵火，但幸运的是火势没有蔓延。

阴谋论为什么牢不可破

上述这样的例子有数百个，这似乎表明，我们有相信阴谋论，相信邪恶的、在暗中操纵的黑暗势力的特殊倾向。现在，让我们试着理解是什么原因导致了这个倾向的产生。

根据一些最新的科学研究[12]，容易受阴谋论影响的特质往往服务于几个目的。从广义上讲，人们相信阴谋论有认识（为了更好地了解我们周围的世界）、生存（保护自己免于已感知到的、不一定真实存在的风险，以及控制周围的环境）和社会（维持自我和团队的正面形象）等方面的原因。

如果我们仔细研究，肯定能发现有一个符合我们。2013 年，美国的一项民意调查展示了一些惊人的数据[13]。近三分之一的投票者认为存在一个计划统治世界的秘密阴谋（共和党支持者比民主党支持者更有可能相信这个观点）。五分之一的共和党投票者认为奥巴马是敌基督①。三分之一的投票者相信存在外星人，五分之一的人认为 1947 年有一架不明飞行物在罗斯维尔（Roswell）坠毁。盖洛普公司（Gallup）的一项民意调查发现，61% 的被调查者认为肯尼迪被暗杀是一个阴谋，凶手李·哈维·奥斯瓦尔德（Lee Harvey Oswald）并非单独行动[14]。注意，你还得感到庆幸，

① 以假冒基督的方式反对基督、诋毁其教训者。——译者注

这61%的比例还是近五十年以来最低的。

所幸，只有4%的人认为人形爬行动物正在取代政客和统治者，只有7%的人认为登月是伪造的。但是，在超过三亿五千万居民中的7%是一个不小的数字。

正如我们所说，阴谋论满足了不同的需求：我们需要理解周遭环境并减少不确定性，而这些理论恰好为我们无法理解的事情提供了解释，又不易证伪，因为它直接利用了我们的确认偏差。事实上，阴谋论者就是这么狡猾……而试图说服你不存在阴谋论的人实际上可能是帮凶[15]。毕竟，制造阴谋的人会怎么回答？声称没有阴谋？无论对方声称自己无辜还是承认有罪都无所谓，因为我们只希望自己的观点得到验证，所以最终的结果是一样的。

阴谋论表面上看似牢不可破，能让你在证据面前毫不动摇。我们的相信程度与在环境中发掘规律的可能性之间存在正相关关系[16]。事件越重大，我们越深信不疑，因为普通的理论似乎无法为其解释。自然地，我们难以相信像暗杀世界上最强大国家的总统这样的事情是一个路人甲独自造成的，这样的理由显得不充分。通常对于严重的事件，我们倾向于认为它背后有更庞大、更复杂的原因。而且，如果我们因不确定性承受了巨大的压力，就更容易相信虚假的理论[17]。

此外，相信阴谋论的容易程度与低水平的分析推理能力、教育，及对不存在的规律的敏感程度，存在一定的相关性。这并不意味着相信阴谋论的人更愚蠢，并且，我们谈论的是相关性，而不是原因。

另一方面，像泰特洛克（他谈论过专家为什么犯错）这样的专家主张，错误的信念能给我们安全感，让我们觉得自己知道别人不知道的事情——这使我们产生满足感，相信自己能够识别那些暗中操纵的、危险的人。有趣的是，相信胡说八道的一个副作用是，会减少人们投票或参加政党、社会运动的欲望——由于重大议题都掌握在黑暗势力手中，普通人无法改变什么，因此，他们参与政治的动机减少。

同时，阴谋论在弱势群体中更受欢迎，因为他们可以将问题归咎于外部因素，从而避免对事态负责。如果这个团体过去遭受过侵害，他们更有可能相信阴谋论。

总结

只要我们仔细观察就能发现，这一切实际上都与整本书中描述的两个主要动机有关：一方面是我们观察和发掘规律的能力；另一方面是我们解决认知失调的需要。

很多时候世界是陌生的，充满了不确定性。世界上发生着我们无法理解和改变的事情。阴谋论让我们觉得自己有掌控力，能够理解这个世界，并且可以缓解不确定性给我们带来的焦虑。此外，阴谋论让我们觉得自己属于聪明人，掌握了一定信息，能够擦亮眼睛面对现实，不像其他鼠目寸光的乌合之众。即使我们实际上是一个傻瓜，大脑还是会产生上述认知。这是为了减少无法理解世界产生的认知失调。

由于我们需要了解和感受世界，在我们看来，重大事件背后也必须有同一量级的解释。此外，就我们自身而言，假设你的生活不如意是因为秘密力量驱使，而不是因为一系列复杂的连锁因素（特别是其中还有很多我们无法控制也不能理解的），这样接受起来显然更容易。阴谋论能给我们安全感，这就是它们为何能够满足我们的需求。

参考文献

[1] MYERS DG. Explorando la psicología social[M]. Madrid: McGraw-Hill, 2008.

[2] FREEDMAN JL, FRASER SC. Compliance without pressure: The foot-in-the-door technique[J]. Journal of Personality and Social Psychology, 1966, 4(2): 196-202.

[3] CIALDINI R. Influencia: La psicología de la persuasión[M]. New York: Harper Collins, 2006.

[4] ARONSON E, MILLS J. The effect of severity of initiation on liking for a group[J]. Journal of Abnormal and Social Psychology, 1959, 59(2): 177-181.

[5] Maasai ceremonies and rituals[EB/OL]. Maasai Association. [2019-08-10].

[6] PFEFFER J, FONG C T. The end of business schools? less success than meets the eye[J]. Academy of Management Learning and Education, 2002, 1(1): 78-95.

[7] Prou de Chemtrails en el cel de Barcelona-Stop Geoingenieria climàtica[EB/OL]. Decidim Barcelona. (2018-04-04).

[8] GOERTZEL T. Belief in conspiracy theories[J]. Political Psychology, 1994, 15(4): 731-742.

[9] SILVERMAN C. How the bizarre conspiracy theory behind "pizzagate" was spread [EB/OL]. Buzzfeed news .(2016-12-06).

[10] Woo G. Quantitative terrorism risk assessment[J]. Journal of Risk Finance，2002，4(1)：7.

[11] Louisiana man pleads guilty to threatening DC pizzeria[EB/OL]. Associated Press. (2017-01-13).

[12] DOUGLAS KM，SUTTON R M，CHICHOCKA A. The psychology of conspiracy theories[J]. Directions in Psychological Science，2017，26（6）：538-542.

[13] JENSEN J. Democrats and republicans differ on conspiracy theory beliefs[EB/OL]. (2013-04-02).

[14] SWIFT A. Majority in U.S. still believe JFK killed in a conspiracy [EB/OL].Gallup.（2013-11-15）

[15] LEWANDOWSKY SO. NASA faked the moon landing—therefore，（climate）science is a hoax：an anatomy of the motivated rejection of science[J]. Psychological Science，2013，24(5)：622–633.

[16] WHITSON JA. Lacking control increases illusory pattern perception[J]. Science，2008，322(5898)：115–117.

[17] JOSTMANN NB，VAN PROOIJEN JW. Belief in conspiracy theories：the influence of uncertainty and perceived morality[J]. European Journal of Social Psychology，2013，43(1)：109–115.

第五章

病毒式传播与谎言

现在的媒体发展已经到了相当高度，

在某种程度上，

能满足我们的需求。

——鲍比·达菲《认知危险》

我只相信我亲手篡改过的数据。

——温斯顿·丘吉尔（Winston Churchill）

新瓶装旧酒

“假新闻”或“病毒式传播”之类的词是最近出现的表达方式，但它们描述的现象相当古老。我们经常以为某些东西是新的、不寻常的、无与伦比的……而实际上它早在人类会蹲着上厕所的时候就诞生了。

大约自人类张口说话开始，“错误信息”就不断出现。尤其在政治领域，为达到目的散布谎言是一种古老的策略。

我能够找到的并且借助了现代工具——例如印刷机[1]——的第一次病毒式谎言传播发生在17世纪。大仲马小说中描绘的法国——我对《三个火枪手》(*Les Trois Mousquetaires*)的背景年代和那些比小说还精彩的真实故事着迷，我是指投石党运动①。

17世纪40年代到50年代，正处于三十年战争时期，印刷物对政治宣传起到了很大的帮助。在法国和英国内部，保皇党、克伦威尔派、投石党(起义军)和骑士阶层在进行着殊死搏斗。当然，他们也在宣传领域里展开着斗争，竞相散布弥天大谎。

在当时的法国，新闻有多种传播方式：小册子或小传单，后

---

① 《独立报》(*The Independent*)发表的标题为《投石党运动和假新闻：错误信息如何支配17世纪的法国》的文章。投石党是反对党派，认为君主的权力应该受到限制。保皇党人(拥护国王)和投石党人(效忠于希望削弱君主权力和地位的贵族)之间产生的冲突被称为“投石党运动”。

者只有信纸大小，在遭到追捕且不想被发现持有地下宣传物时很容易隐藏或销毁。虽然当时文盲率很高，但没关系，因为人们会组织集会，让识字的人把宣传内容大声读给所有人听。贩书人（流动出售属于宗教性质的书籍和小册子的人）通常会像吟游诗人那样，会唱出或者吟诵出最轰动的丑闻，以便被人记住，并得到传播。

这些假新闻最常见的中伤目标就是红衣主教马萨里诺（Mazarino），他是传奇人物黎塞留（Richelieu）的继任者和路易十四的枢密院首席大臣。在流传的有关马萨里诺的歌谣中，他几乎无恶不作，从最“常见”的指控，如腐败或叛国罪，到匪夷所思的罪名。散播这些传言的目的是不惜一切代价煽动人民反抗红衣主教的统治。

事实上，关于马萨里诺和黎塞留的假新闻存续了很久。如果说黎塞留是大仲马的著作《三个火枪手》中的反派，那么马萨里诺就是他的两部续作《二十年后》（*Vingt ans après*）和《布拉热洛纳子爵》（*Le Vicomte De Bragelonne*）中的反派。根据大仲马的描写，马萨里诺邪恶而贪婪，此外，他与奥地利的安娜女王有染（不像黎塞留，他因为得不到重视对女王心怀怨恨）。可怜的马萨里诺数个世纪以来一直笼罩在流言的阴霾中，而且大仲马的小说、相关电影和连续剧的改编逐渐巩固了他的坏人形象。

当我们谈论宣传操控和铺天盖地的虚假信息时，需要牢记五点：

我们中的许多人对基本的政治和社会事实知之甚少。

我们的思维方式（正如我们在前几章中了解到的）和媒体标题都会误导我们。媒体并不会教我们怎么思考，只会高举话题。它们引导着舆论走向。

我们的个人意识形态决定我们产生误解的方向。此外，我们的感知会受情绪影响。

我们的错误观念对属于个人的社会现实有反馈作用。

为了与这些错误观念作斗争，我们必须认识到问题的规模和复杂程度。这就是我写这本书的原因。

后真相存在吗

很多我们熟知的事件为了达到目的都使用了类似手段。我相信今后的几年内，会继续出现有关当时传播的虚假信息和谣言的研究。

“后真相”是个很时兴的话题，但我不认为这个概念提出了新的内容。表面上看，这个词是一位名叫大卫·罗伯茨（David Roberts）的博主在2010年为《格里斯》杂志（*Grist*）撰写的一篇文章中提出的[2]。他在文章中谈论“后真相政治”，即事实政治、媒体宣传的政治和公众讨论的政治之间毫无关联。根据《牛津词典》，这个词的诞生可追溯到1992年，它首次出现在剧作家史蒂夫·泰西奇（Steve Tesich）发表在《国家》（*The Nation*）杂志上的一篇文章。他列举了几例政客恶意撒谎、无视证据、否认他们参与某些事件的丑闻，包括尼克松的水门事件、第一次海湾战争和伊朗门——最后这例牵涉到罗纳德·里根总统[3]。作者称：“作为自由民族的组成，我们已经决定要生活在一个后真相的世界。”该术语还出现在其他文章中，但近年来它突然大火，甚至被《牛津词典》选为2016年“年度词汇”[4]。

正如我之前所说，我不认为这个概念有特殊意义。我不认为后真相与20世纪所谓的宣传、之前所谓的撒谎有什么不同。我们认为在过去，政治家更少撒谎，人们更具思辨能力、更少相信谣言，而这些不过是我们的感觉——事物总是朝坏的方向发展，过去总是比现在好的偏见罢了。后真相并非新鲜事物，它无非是政客等团体通过说谎获得好处的惯用伎俩……他们给我们灌输了各种谎话和谣言。我们之所以觉得这是个新概念，不是因为它的内涵焕新，而是因为它借助技术得到了迅速传播，但是我们社会的行为一成不变。

一切都往坏的方向发展

在数据方面，当前常用的手段之一是利用数据传达一个积极信号——目前世界正处于有史以来最好的阶段，一切可能的指标正逐渐改善，比如暴力、贫困、饥饿和婴儿死亡率等与过去相比有所下降，同时寿命、识字率和许多其他指标都在上升。然而，益普索莫里问卷显示，90% 的人对未来表示悲观。

我不打算深入讨论这些统计数据是否正确，因为这远远超出了本书范围[①]。此外，一些全国数据——尤其在西方——无疑有所改善。例如犯罪率，尽管某些政党试图在这些方面撒谎。我想要修正的是，为什么在大多数人的印象中，我们生活在一个有史以来全球和国家危机最严重的时代。

一家瑞典基金会——盖普曼德基金会（Gapminder）在纠正大众对世界的误解方面贡献了很多力量。它的创始人汉斯·罗斯林（Hans Rosling）可能算是世界上第一位统计学家，他因为一篇 TED 演讲《一些你可能从未见过的数据》（*The best stats you've ever seen*）在油管（YouTube，一个视频网站）上走红。与标题相反，

① 许多经济学家认为，极端贫困人口数量看起来正在下降，仅仅是因为衡量门槛下调至每天低于 3 美元，但事实上，每天赚 4 美元依然是穷困潦倒。如果依据某些更现实的标准，赤贫人数不仅没有减少，似乎反而在增加。欲了解更多信息，请参阅《卫报》（*The Guardian*）文章《比尔盖茨说贫困人口正在减少，然而他大错特错》（*Bill Gates says poverty is decreasing. He couldn't be more wrong*）。

这篇演讲成为最受欢迎的TED演讲之一。盖普曼德基金会做出了卓越的成绩，不仅以准确、有趣和有创造性的方式分析和呈现各种数据，还发明了能够有效减少我们对世界的错误认识的技术手段。

之前提到的益普索莫里问卷在十二个国家调查了公民对过去二十年间世界上极端贫困率变化的看法。受访者要做一个单选题：

a）翻倍；

b）保持不变；

c）减少到一半。

只有9%的受访者答对了c选项，其中表现最好的是瑞典人，正确率达到27%。当然，这并非巧合：这是因为盖普曼德基金会和汉斯·罗斯林在瑞典很有名，他们的分析得到了很多媒体的报道。即便如此，仍有73%的人选择了其他错误选项。在西班牙，71%的受访者回答a选项，而匈牙利的正确率仅有4%。

实际上，回答正确的随机概率有33%。用汉斯和奥拉·罗斯林（Ola Rosling）的话来说："我们对世界的了解还不如黑猩猩。如果我们在香蕉上写下每个问题的选项，让动物园里的黑猩猩随机选择一个，它们答对的概率都比人类高。"[①] 我们不是因为随机选择而犯错，而是因为——正如我们已经详细了解到的——我们的

---

① 这里值得提及，在几项实验中，一只黑猩猩随机选择了几支股票，其市场表现始终优于股市专家的选择。最近，一只名叫奥兰多（Orlando）的猫在这方面打败了几位股市专家，并证明了沃伦·巴菲特（Warren Buffett）所说的：不要听经济学家的话。《卫报》在《投资：奥兰多是选股指南》（*Investments: Orlando is the cat's whiskers of stock picking*）一文中讲述了奥兰多的故事。

认知有偏差，偏差往往对结果是不利的。

首先，新闻报道喜欢借助贫穷和苦难等凄惨故事吸引我们的注意。无论人类文明发展到什么程度，相似的个人和集体悲剧都将重演。此外，我们更倾向于关注负面信息，而不寻找能加以制衡的正面信息。况且，媒体也更喜欢报道负面事件，美好的故事总是缺乏观众。这是一个恶性循环：我们更关注负面信息，因此媒体倾向于放大悲剧因素，我们的偏差进而被强化。

其次，感官和享乐适应会使我们的标准一点点产生变化。我们必须考虑到，例如，今天看来非常高的道路事故发生率，与我小时候（20 世纪 80 年代）的数据相比不值一提。基础设施、汽车设计和驾驶员习惯的改进（如安全带或头盔的使用）大大减少了事故的发生。尽管还出现了一些新的、有害的习惯，比如开车看手机。所以，每当我们看到一个数据，总是按照当下的标准进行判断，而不和历史数据比较。

最后，我们不能忘记一件事：我们的记忆并不可靠。正如之前所说，其中一个问题就是，它会美化过去。这种记忆偏差被称为“玫瑰色回顾”（Rosy retrospection）。一些心理学家推断，我们之所以会产生这种记忆偏差，是因为它有助于提升自我感觉，或者因为它简化了事件过程（因此加深了我们的理解）便于我们记忆[5]。

在米切尔（Mitchell）和他的同事进行的一项实验中，研究人员调查了三组参加不同旅行的人，了解了他们旅行前的期望、旅途中的体验及一段时间后对旅行的回忆。其中一组是欧洲游，一组是感恩节外出度假，最后一组是为期三周的加州自行车之旅。三组得出了相同的结论：人们的期望都高出了体验本身，但随着时间的推移，仅仅几天后，他们对旅行的回忆就变得和期望一样积极，或高出期望。只要有时间，我们就会修改过去的记忆，将它理想化。即使经历过艰难时期和困难处境的人也会告诉你，他们过得虽不容易，但很快乐，甚至比现在更快乐，比那些拥有一切却不懂珍惜的人更快乐。事实上他们可能只关注了一些积极回忆，而这一部分影响了他们对整体的感受。

想象一下你要和家人一起去迪士尼乐园，可能旅行前你热情高涨，假如和孩子一起去你会更加兴奋。可是在那里，你体验到的可能是无止境的排队，夏天顶太阳、冬天扛寒风，园区高消费，最终你坐上想游玩的项目时才能感受到片刻兴奋，才能看到有趣的光景或孩子的笑颜。如果我在这个阶段询问你的游乐场体验，你肯定没有旅行前那样兴奋。当然，随着时间的推移，几天过后，你会不断强化那部分快乐的记忆，并且削弱负面的体验，这样你的记忆会得到美化[①]。

这就是为什么负面的世界观容易得到推销，人们认为一切

① 根据卡尼曼（继认知偏差后转向研究幸福）的说法，这一点能解释为什么记忆中确实存在幸福。卡尼曼认为，我们的体验和记忆大相径庭，可以用“自我”与“记忆自我”加以区分。因此，如果我们想变得更加快乐，我们必须专注于回忆经历中积极的一面，它决定了我们长期的健康状态。

都将走向毁灭。我们内在倾向于相信今时不比往日，但往往忘记了——伟大的博主尤里（Yuri）在他精彩的博客《尤里的黑板》（*La Pizarra de Yuri*）中写到——“过去是一坨狗屎”。

个人悲剧与集体悲剧

俄勒冈大学教授保罗·斯洛维奇（Paul Slovic）创造了“心理麻木”（Psychic Numbness）这一名词来描述我们面对某些大规模悲剧时不会有所行动、无动于衷的现象。

斯洛维奇很好奇，为什么我们常常积极帮助某个遭遇不幸的人，却对数百万人的痛苦漠不关心。斯大林说过一句恰当的比喻：“一个人的死是悲剧，一百万人的死只是一个统计数字。”

斯洛维奇做了一系列实验来验证这个观点。实验中他请求三组被测试者捐款资助西非儿童，其中一组需要帮助一个叫罗基亚（Rokia）的七岁女孩；第二组的捐款是用来“帮助数百万儿童”；第三组和第一组任务相同，此外他们还会收到了一些统计信息，有助于他们了解罗基亚所处的国家的环境。

不出所料，第一组的捐赠金额是第二组的两倍。然而不幸的是，就第三组而言，获得有关该国状况和非洲饥贫人口的数据后，被测试者帮助罗基亚的主动性下降了[6]。

事实上，没有必要使用“数百万受害者”这样的字眼，展现个体案例就足够了，否则会使人麻木不仁。在另一项实验中，一组被测试者收到捐款帮助罗基亚的请求，另一组被请求捐款帮助一个名叫穆萨（Moussa）的男孩，结果两组都慷慨解囊。但是，如果给被测试者看两个孩子的照片，要求他们同时给两人捐款，捐款金额就会减少。正如斯洛维奇所言："看到的死亡越多，我们越不在乎。"

最近在西班牙发生了一个类似的案例。数百名来自不同冲突区的难民在试图登陆欧洲的途中死在地中海上。许多致力于国际援助的非政府组织和机构发布了大量有关这场大规模难民的死亡悲剧信息：多少人死亡、多少人颠沛流离等。然而，其中一张三岁男孩的尸体照片引起了巨大的轰动：他一身普通西方男孩的打扮，面朝下趴在沙滩上，看起来像是在湿漉漉的沙滩上睡着了。孩子是背对镜头的，因此看不见他的脸。这个男孩名叫艾兰·库尔迪（Aylan Kurdi）。我们很多人都被这张照片所震撼。它的影响力超过了数据，因为照片上的孩子有姓名和故事，他不是一个统计数据。

比起事实，我们更容易被情绪牵制。读到这里，你应该不会再惊讶于负面情绪的强大感染力。悲伤的面部表情比中性或快乐的表情更能促使人们产生捐款欲望。研究人员认为，这是一个简单的同理心或情绪感染问题[7]。

我们评估个人情况与评估多人的普遍情况会遵循不同的过程。我们以更加情绪化的方式衡量个人需求，而面对集体需求则认为自己需要冷静反思（我们在反思的时候通常不会采取行动）。考虑得越少，捐款金额就越大[8]。

习惯也是一个绊脚石，所以各个组织要小心过分利用"悲伤按钮"。如果频繁使用这种策略，让我们产生习惯，我们的反应就会下降。为了维持我们的活跃度，我们必须要获得进步和成就感。

一项实验表明，许多人愿意出钱在一个有一万一千人的难民营中安装一个可以挽救四千五百条生命的净水器。但是如果难民营中的人数达到二十五万，他们就不太愿意出钱了。在一个群体中，因为自己能施救的比例高，所以内心会获得成就感，相反则会感到挫败，哪怕绝对数字很大。显然，我们不喜欢失败。利他行为的一个关键是，人们要得到“我们的努力有成果”的正反馈[9]。

如上述所言，消极情绪更能煽动我们。互联网广泛传播的、轻易欺骗了我们的谣言往往利用了人的负面情绪，主要都是关于健康、移民、犯罪、经济、政治等方面的内容。如果是用个人故事而不是统计数据包装的谣言，效果会更好。

在某种程度上，这种心理机制早已超出了实验或为贫穷国家募集资金等慈善举动的范围。政客们常以此为原理进行心理操纵，进而煽动民众。

移民认识的普遍错误

这个问题是目前导致人们认知严重分裂的问题之一。简单分析我们在这方面的误解和无知，其结果就能令人汗毛倒立。

如果我们采访民众，向他们询问居住在他们国家的移民比例，通常得不到正确答案。阿根廷人认为国内移民占比 30%（实际上是 5%）。在巴西，随着最近博索纳罗（Bolsonaro）赢得选举，坊间流传移民占比 25%（与实际数字 0.3% 相差甚远）。在西班牙，大多数人认为这一比例约为 22%，但实际只有 14%。

正如你们所见，我们对移民比例的认识普遍是错误的。造成这个情况主要有以下原因：一方面，由于情绪诱导，我们容易过分重视移民个体的故事，而忽视宏观上的移民风险；同时，在认知偏差作用下，我们习惯将他人视为潜在危险，甚至敌人，而移民作为弱势群体，我们认为他们的故事更加可信。另一方面，媒体呈现移民的相关信息的方式及报道范围也发挥着作用。

顺便说一句，越高估移民人数的人对移民影响的认识也越错误。实际上，所有人对典型移民都存在极大的误解。如果你问英国人聊到移民时会想到什么，很多人会提及难民和寻求政治庇护的人。实际上，难民占英国移民人口比例不到 10%，但是公众估计约为三分之一[10]。心理学家斯科特·布林德（Scott Blinder）将这种效应称为“想象中的移民”（Imagined Immigration）。

当你向人们提供他们国家的真实移民数据时会发生什么？好吧，读到现在你大概能想象到，人们会为他们的错误认识辩护，并且找借口开脱，以及，他们根本不会改变看法。利昂·费斯廷格会感到欣慰的。好吧，也许谈不上欣慰，但他至少完全不会对此感到惊讶。

达菲和他的团队询问那些认为移民占比在19%左右（实际上是9%）的意大利公民："意大利国家移民局公布移民占总人口的9%，但你认为这个比例应该更高。你觉得是什么造成了这样的差异？"

在证据面前，人们依旧坚持自己的错误观点。我们了解是什么在发挥作用：认知失调。当你揭露他人的错误，尤其在这个错误事关一个具有情怀感的命题时，人们的第一反应是为自己寻找借口以消除失调。以下是最常见的理由：

- 这些数字不包括非法移民
- 我不相信你
- 我在自己所在地区的观察
- 我在访问其他城市时的观察
- 我只是用肉眼估计
- 我在电视上看到的
- 朋友和家人的经历
- 我在报刊上读到的
- 其他

- 我其实不知道
- 我理解错了问题

非法移民的借口也站不住脚。在英国，非法移民最多占比不超过总人口的1%。西班牙的数据也差不多。其余的辩护词只能表明，大家带有高度偏见，并想维持固有观点。

在另一个问题上，我们的认识也与现实存在很大差异，即移民提高了当地人口的失业率，他们会抢夺工作机会，尤其是那些愿意从事地下经济的非法移民。因此，他们给当地造成了不公平竞争。

这也表明我们对这个问题的看法虽然存在着很多细微差异，但实际上我们大多数人都能同时接纳以下两种看法：一方面，移民“在工作岗位上替代了当地人”；另一方面，“移民开办商店、酒吧等企业，为当地创造了就业机会”。

两者在某种程度上都是正确的。移民对经济的影响总体上是积极的，劳动力市场不是零和博弈，比如我找到一份工作那么其他人就会失业。一个移民找到工作并不直接意味着该国的工作机会就少了一份。但是在门槛较低的行业，确实存在当地人被移民取代的现象，因为移民通常能接受更差的工作条件，因此可能有些人认为他们的生活条件恶化了[①]。这也是导致我们不相信移民有

① 尽管在这种情况下，应该负责任的是公司雇主，而非移民职工。

积极影响的原因之一。正面的阐释本质上是从宏观经济出发，但人们无法切身体会。人们不理解公共开支上升是因为税收或消费上涨。人们只会发觉看病要排更久的队，或者听说他们的亲戚在建筑工地找不到工作，因为机会已经被低廉的移民劳动力夺走了。

媒体在塑造有关移民问题的舆论上发挥了特殊作用，但不是全部因素。事实上，在移民数量大幅增长以前，媒体并未聚焦过这个问题。在 20 世纪 80 年代和 90 年代，英国对移民问题的关注度相当低。20 世纪 90 年代末，随着欧盟扩张，各国开始出现移民潮，一段时间后，媒体才开始报道移民问题。这是一种对当下正在发生的事情的传播机制。

一个人关注的社交媒体和纸媒能帮助我们预测他对一件事的看法走向，因为人们一般更关注与自己观点相合的媒体，寻求与自己匹配的世界观。

犯罪浪潮

当然，有关移民的各种争议之一，是移民的犯罪率高于其他群体。

在许多国家，人们发现，移民对犯罪率总体而言没有负面影响，甚至犯罪率会随着移民人数的增加呈现下降趋势。但这是个复杂的问题，因为犯罪通常与贫困等其他因素有关。由于移民往往比当地普通人穷，因此很难区分是哪个因素导致犯罪率变化。此外，影响犯罪的还有其他因素，比如技术进步会阻碍某些犯罪的实施（当然同时也会促使其他形式的犯罪出现），社会变化会影响获取枪支的难易程度。

我们对社会现实的认识，可能会因为自己假想的、不存在的模式或关联而产生偏差。例如，经济学家列维特（Levitt）和都伯纳（Dubner）在他们的著作《魔鬼经济学》（*Freakonomics*）中提出了这样一种观点，即承认堕胎合法化的州的犯罪数量显著下降（几乎一半），这可能是因为，因意外怀孕出生的儿童长大后更有可能参与犯罪[11]。这项研究一直以来都有争议：首先，它基于纯粹的相关性，我们已经了解过相关性的实质（并不存在任何因果关系）；其次，它不能得到有效复制（也就是通过重复研究检验其正确性）；最后，还有人提出了更多方法论上的批评[12]。与此同时，批评者表示取消含铅汽油与同期犯罪率下降约一半之间也存在关系[13]。

总之，分析犯罪原因不是一个简单的工作。尽管我坚持肯定的一点是，犯罪增加与移民之间不存在直接关系。然而公众的看法恰恰相反，尤其是在恐怖主义方面，人们普遍认为许多移民实际上是冒充难民入境的恐怖分子。

奇怪的是，在益普索莫里的民调中，荷兰公民对囚犯中移民比例的估计最不准确，其中许多人认为监狱里有一半是移民。这个事实令人震惊，因为荷兰的法制高度健全，犯罪率很低，当地不得不关闭部分监狱，并接纳挪威的囚犯以保证监狱正常运转。同样生活在一个低犯罪率国家，我也好奇为什么在西班牙，每天都有人要求实施更严厉的刑事制度来阻止所谓的犯罪率攀升。

移民和犯罪问题都非常容易触动我们的情绪，尤其当两者相结合的时候。这时我们可以察觉到，媒体和政客在这两个问题上利用了我们的认知偏差，比如2012年英国《每日邮报》（*Daily Mail*）上的一个标题：《移民犯罪浪潮警报：外籍居民被指控犯下伦敦四分之一的案件》[①]。

这不是假新闻，其中的数字是准确的，来源于伦敦大都会警察局的统计数据。报道中描写了一个确实由移民犯下的可怕案件。然而其中的陷阱在于，报道只字不提外籍公民占伦敦人口的40%，因此结论不够严谨和完整，也就是说，他们的犯罪率实际低于相

① 新闻原标题：*'Immigrant crimewave' warning: Foreign nationals were accused of a QUARTER of all crimes in London*。

应比例的人口的犯罪率。

这就是谣言和假新闻的运作方式：根据观众的胃口生产新闻，并利用负面信息吸引关注。正如第二章所阐述的，我们理所当然地认为，关注负面因素可以提高我们在环境中的生存概率。敌人像潜伏在灌木后的老虎，伺机而动。

因此，分析我们的表达方式以及媒体处理标题和内容的手段尤为重要：特别是很多时候我们会断章取义。这种行为很危险，因为标题和正文通常说的是两回事。标题只是诱饵，为了吸引读者，而数字媒体则是为了提高点击量。“标题党”不是为了激励阅读和理解，而是为了博取关注和传播，毕竟流量高的媒体才有机会接广告。

政客不了解我们，我们也不了解他们

2007年，时任西班牙首相何塞·路易斯·罗德里格斯·萨帕特罗（José Luis Rodríguez Zapatero）因在一次电视采访中说喝一杯咖啡要花80分（欧元）而出了名。那是在西班牙国家电视台（TVE）一个名为《我有一个问题要问您》（*Tengo una pregunta para usted*）的节目上。民众的反应很迅速，他们对首相提出了严厉批评，因为在除国会餐厅之外的任何地方，一杯咖啡的价格已经远远不止80分了。这件事揭露的是，他们与他们声称代表的人民的日常生活有多么脱节。类似的故事也发生在时任伦敦市长、前任英国首相鲍里斯·约翰逊（Boris Johnson）和他的对手大卫·卡梅伦（David Cameron）身上，他们也说不出一品脱[①]牛奶和一条面包的价格。

然而，他们在我们意识不到的情况下代表着我们。在益普索莫里的调查中，公民也在这方面犯了许多错误，我对其中一个特别感兴趣：我们往往大大低估了参与投票的人数。媒体可能要为此负责：民众参与度下降时积极报道，而上升（适度）或持平的时候一言不发。事实上，许多民主国家的民众选举参与度似乎确实有所下降，但根本不是媒体所呈现的那样。总的来说，人民参

---

① 品脱：英国的容积单位。

与投票依旧是惯例。

然而，公众不投票的印象并非毫无影响，正如前文中解释过的，如果我们认为某种行为是社会规范，便更有可能进行效仿。换句话说，如果我们确信公众不投票（在美国，一部分人认为60%的人口弃权），那么自己也会更倾向于弃权。

性别平等与否

除此以外，我们在性别平等的认识上也有严重偏差。2017 年，在达沃斯举办的世界经济论坛（World Economic Forum）指出，按照目前的发展速度，我们将在 217 年内在四个方面（经济机会、教育程度、健康和政治权力）实现完全平等。我读到这篇文章时感到不可置信，因为我同大多数人一样，以为人类已经距离这个目标很近了。之后，如果你想想是谁在鼓吹我们已经实现完全平等，或更有甚者鼓吹男性在地位上已经丧失了相较于女性地位而言的优势，那么原因不言而喻。

这些错误信念也反映出我们面对未来的极度自满。位居《财富》（*Fortune*）世界 500 强排行榜的全球顶尖企业中，只有 3% 是由女性经营，但我们同样高估了这个数值，我们相信有 20%。尽管我们如此相信，也依旧与所谓的全面平等相去甚远。在政治层面，现状同样不容乐观：虽然存在瑞典女议员席位占比 44%、墨西哥和南非女议员席位占比 42% 等例外情况，但在大多数保留议会制的国家，平均女性席位占比是 25%。

这对许多人来说似乎无关紧要，但更重视性别平等的政策可能会产生意想不到的效果。让我们以瑞典为例，说说差的除雪方法如何令我们事倍功半。你可能还是疑惑："除雪和性别平等有什么关系？"好吧，接下来会让你大开眼界。

实际上，和许多其他地区一样，在瑞典使用除雪机工作时有优先等级，先清理环路，然后是主要街道和高速公路，再然后才是人行道、自行车道和次要街道。通常，优先清理的区域往往是男性占据优势的行业聚集区、金融区等。

一般而言，女性开车较少，多乘坐公共交通工具、骑自行车或步行。雪对这些出行方式的影响超过对汽车的影响，会提高其风险。在瑞典，行人在雪天发生事故的概率是平均概率的三倍，而且大部分受伤者是女性。

一段时间以来，几个瑞典城市[①]已经改变了旧有方法。首先清理人行道、自行车道和连接幼儿园的道路，人们上班前通常会经过那里。接下来是清理大型工作场所入口处的积雪，优先考虑女性工作者较多的地方，如医院。只有在清除了这些交通网上的积雪之后，才清理其余的道路。

调整先后顺序不必付出额外成本，但确实能大大减少事故率。此外，因极端天气误工的人数（无论男女）也有所减少，净经济效益增幅显著。

① 通常，除雪程序由当地负责。

阳光下的星期一和失业

不是每个人都有工作。失业会造成诸多戏剧化的乱象，并且正因如此，政客们经常在发言中利用“失业”做文章。比如 2016 年，总统竞选时广为流传的“美国的失业率达到 42%”，而实际上是 5%。《华盛顿邮报》（*Washington Post*）在版面上贴了四个匹诺曹的头像，以示这个数据是个谎言。后来，有人试图为此辩解，说 5% 不包括那些过去六个月或更长时间在找工作、后来感到厌烦并放弃了的人。统计认为这些人不处于失业状态。

数据是假的，但辩驳的人的所作所为很清晰——诉诸情感炮弹。以此为基础的论点之一是，失业者掉入体制黑洞，从此社会性消失：你失业了，相当于你被社会抛弃了，没人承认你的存在。但另一个论点是，“许多美国人对这个问题的看法与我一致”。

这在一定程度上也有道理。实际上，在美国要计算出 42% 的失业率，必须将儿童、免费托儿服务人员、退休人员以及所有没工作也不找工作的学生计算在内。五分之一的美国人认为失业率为 61% 或更高，这再次凸显了我们对统计、简单百分比、众数或中位数的无知。

很多人会严重高估全球及其居住国的失业率，最可能的诱因同样是情绪因素。失业是我们担心的话题，也经常出现在新闻中——通常伴有许多令人困惑的数字（高社保登记率、高同比指数等），因此我们的可得性启发法被激活了。

情绪在公众对政治的理解中发挥着重要作用，也是引起谣言、假新闻等迅速传播的因素。技术不是原因，技术只能促进传播。这些假消息推动事情朝我们希望的方向发展，而媒体在其中的作用是有限的，世界没有它描述的那么衰败和萧条，也不是斯蒂芬·平克（Steven Pinker）这等吹嘘者口中的自由乌托邦[①]。在某些方面，我们比以前更好，但在其他方面（例如性别平等），我们还有比预想中长得多的路要走。

接下来我想解释的是，本文提及过的所有现象是如何应用于网络消息病毒式传播及其后果的。我们就从手机软件杀人事件开始。

① 演化心理学家史蒂芬·平克致力于宣扬新自由主义资本主义是世界上所有善良和进步的源泉，而他的主张和使用的统计数据都缺乏严肃根据，完全符合他所在的心理学分支的特性。

手机软件杀人事件

请你想象一下，你正走在街上，然后被一群人杀了。这样的惨案发生在印度班加罗尔的一个二十六岁男子身上，一伙被传言中的系列儿童绑架案吓坏了的群众用私刑处决了他。而且他不是唯一的受害者，后续受害者不断增加。即时通讯软件瓦次艾普（WhatApp）上的连环信称，一群儿童绑架犯将在班加罗尔消夏，因为假期是恋童癖心目中绑架儿童的最佳时间。印度使用多达二十二种不同的语言，而媒体主要使用的仅有印地语和英语两种语言，因此受信息差的影响，这个谣言在印度不断发酵，掀起了巨大波澜。此外，据在砰（*Boom*）——一个致力于辟谣的当地媒体——工作的专业记者凯伦·雷贝洛（Karen Rebelo）称，一大部分当地居民刚接触互联网，所以很多人不懂区分信息来源的可靠和不可靠。

在印度并不存在儿童绑架的问题，而且这类犯罪也没有增加，但关键在于，儿童绑架是一个非常触动情绪的话题。谣言在网络上传得铺天盖地，使辟谣的人不得不创建了一个名为@FakeNewsKills的推特账号来阻止其进一步传播。

与脸书、推特和其他社交网络上的公开谣言相比，瓦次艾普上的辟谣难度更高。首先，考虑到这个通信应用拥有众多用户，信息的传播具有即时和高效的特点；其次，鉴于在这个应用（或其他类似应用）上交流的大部分是熟人，信息或谣言的可信度一般会得到提高，如果是你信任的人在分享消息，那么你更可能相信它；最后，由于很多谣言流传在私人网络上，所以辟谣者更难得知它们的存在，并进行打击。即使知道，他们也必须投入更多的时间才能完成辟谣。外加一般我们害怕与亲近的人发生冲突[①]，不想亲自辟谣，或仅仅碍于群体压力，无法唱反调，也不想以一敌十，社交平台便成了恶性谣言传播的不法之地。所有在瓦次艾普上有学校家长群的人都明白这种感受。

① 比如你烦人的小舅子。

群体智慧

一个有时可以用来削弱宣传效力的理论是，在某些时候，群体的预测比专家个体的预测更加准确。詹姆斯·苏罗维奇（James Surowiecki）在他的《群体的智慧》（*The Wisdom of Crowds*）一书中描述了几个实验，证明一群未经训练的人在一项任务上的表现，与组成它的每个个体的表现一样好或更好[14]。一个经典的实验设计是玻璃罐里数豆子，一群人目测数据的平均值，比个人估测更接近真实数据。事实上，这不是个新鲜的理论，我们最早可以追溯到弗朗西斯·高尔顿爵士（Sir Francis Galton）和1907年他在一个乡村集市上进行的一项实验：竞猜一头牛的重量。高尔顿发现，所有参赛者答案的平均值恰好是牛的真实重量，因为他们的错误往往会得到抵消。

另一方面，苏罗维奇也指出，群体可以被操纵，所以他们的预测可能都是错误的。虽然这点不假，我们也见识过相关案例，但有证据表明，群众的预测意见是值得被重视的，通常比经济学家的模型准确得多。

在数豆子或称牛这样的任务中，每个人会产生自己的判断，然而在政治方面，媒体提供的观点或预测却总是相同的，导致我们的判断趋于一致。这就是为什么基于推特话题或Xbox游戏玩家聊天分析的选举预测往往命中率非常低。

除此之外我还想补充一个出人意料的观点，人们在民意调查中并不总是说实话。回答不仅会受到是否匿名、谁在提问等因素的影响，还会呈现两个鲜明的方向——正如我们一直在讨论的——一部分基于回答者的事实观察，另一部分基于他们的愿望。这就是为什么，世界上许多人认为克林顿比特朗普更有可能在选举获胜，最终呈现的却是另一个结果。我们无法准确预测未来会发生什么。

互联网存在过滤泡吗

过滤泡[①]的概念是由伊莱·帕里泽（Eli Pariser）提出的，它能解释我们的确认偏差是如何与谷歌、脸书和其他网站的算法交互从而得到增强的。因为从理论上来说，算法控制的互联网向我们展示更多的是我们想看到的，与我们观点冲突的内容很少。根据帕里泽的说法，这些算法将为我们每个人创造一个私人宇宙，在里面我们只和自己观点一致的人来往，这将改变我们获取观点的方式。

尽管这听起来很有说服力，但最近的研究表明，所谓的过滤泡并不存在[15, 16]。我们并非只阅读和浏览与自己思维一致的内容，事实上，我们会通过寻找多样化的表达来强化我们的观点。

这就是为什么互联网是一个永远的战场。只需要看一眼网站的评论区[②]，你就能发现，任何媒体上都同时有支持和反对的声音。如果你发布一个讲伪科学的视频，肯定有和你一样的怀疑论者表示赞同，也会有相信顺势疗法（打个比方）的人说你是被雇来的水军。事实上，现在我们接触各种不同意见的渠道更多，并非更少。虽然现实生活中物以类聚，人以群分，但互联网上很少存在

① 英文 filter bubble。

② 一般来说，互联网老用户都知道最好不要这样做。举个例子，读报纸网站、油管等网页的评论比把漂白剂滴到眼睛里还要浪费时间。

过滤机制。你的确可以在社交网络上屏蔽讨厌的人，但无论如何，我们最终还是会在某些角落读到讨厌的政客的言论，比如别人的转发，通常附有“看看世界上最后一个小丑”“你还能更浑蛋吗”这样的评论。

那么，投票能被影响吗？不仅可以，而且方式是我们意想不到的，例如改变互联网上搜索结果的显示顺序[17]。普林斯顿大学的雅各布·夏皮罗（Jacob Shapiro）进行的一项实验表明，如果你修改一个搜索引擎对不同政治问题的排名，然后向一群人展示这些被篡改后的结果，立场不明确的人的投票意愿朝研究者设定的方向偏离的比例高达20%。信息的呈现方式及其重要性在实验中起关键作用，因为虽然观点成形的人很难受到影响，但是犹豫不决的人会被影响，而且这部分人不在少数。

互联网拥有其独特的属性：它能被成千上万的陌生人访问，且推送信息的算法我们不得而知。

现代的斯金纳箱

事物的存在基于其可访达性和可见性。别忽视一个关键点：我们的动机是什么。这不仅限于为什么我们信谣，还有为什么我们传谣。

我们在互联网上的行为和日常行为一样，受后果引导。在社交媒体环境中，我们有非常强烈的表达欲望（舞台意义上），因为我们会获得一种最有效的激励：他人点赞、分享和转发我们发布的内容，获得新粉丝关注……当我们评论、喜欢和分享的内容对家人、朋友和其他熟人可见时，这种激励效果更加强烈。社交网络通过关注机制及其他强化机制，如随机推送等，来吸附用户。事实上，社交媒体最近还实现了一项看似不可能的目标，我们把它当作了解信息的窗口。

互联网时代重视时效，因为信息过期很迅速。分享只需手指一点，时间成本很低，而求证新闻真假却要付出很多。此外，由于信息量庞大，无论从时间还是精力出发，我们都不可能确保自己传播的所有内容都是真实的。

最后，我们的互联网行为受到另一种偏差的影响（偏差永远在作祟）：错误共识效应。我们对自己的思维方式和许多行为的普遍性的估计往往超出实际情况。比如，我们往往高估了互联网的用户数量（实际上，世界上有一半人口无法使用网络），或者拥有脸书账户的普遍程度（在印度，预计 64% 的人口使用脸书，而实际上只有 8%；在西班牙，预计是 75%，而实际上是 50%）。

信息在互联网上的呈现方式也相当重要。一谈及信息操纵，我们的脑海里出现的是文本，即可供阅读的信息。但事实上，越来越多的共享内容是纯视觉的：图像、表情包、视频……我们处理视觉信息的速度比文本快得多。例如，最近，麻省理工学院的一个神经科学家团队表明，我们处理一个完整图像仅需十三毫秒，这使得与阅读相比，反思和批判性地处理图像内容变得更加困难。或者套用卡尼曼的话来说，单一的视觉内容是为系统一量身打造的。

谣言的受益者

一些谣言集中的平台上存在某些机制，有利于这种情况的产生。毕竟，当谣言多、反思少时，我们使用这些社交媒体或应用程序的时间就越多，量化的收益就越多。脸书、推特和其他网站利用广告盈利，所以我们总能看见广告弹窗。

然而，像剑桥分析公司（Cambridge Analytica）这样的丑闻表明，互联网公司需要改变机制，因为它们确实能影响我们的决定和投票。这项研究仍处于早期阶段，但是已有研究结果证明，如果一个平台在一条新闻中掺杂虚假信息，但在“相关新闻”板块中出现对该信息的不同解释，勾勒其产生的背景，那么谣言的传播和欺骗性就会下降[18]。各大互联网公司可以实施很多改进措施，但我对此不报乐观期望，因为流量即收益，它们怎会愿意放弃通过贩卖焦虑、传播谣言等煽动性信息谋利呢？此外，脸书声称，当它传播这类反对观点时，人们一般不会点击阅读。正所谓一个愿打，一个愿挨。

事实查核有用吗

为了应对大量的谣言和虚假新闻，专业验证新闻和政客发言真实性并在必要时辟谣的独立公司、机构和用户应运而生。达菲对其进行了三代划分，它们的工作方式各不相同。

第一代在假消息出现后他们提供正确信息。我们能想象到，这一代受锚定偏差和确认偏差的影响较大，效力所剩无几。一旦我们相信了谣言，事后的解释很难改变我们的信念。

第二代符合当下流行的趋势，他们试图改变信息传播平台、媒体和其他人的传播行为。如果我们对源头进行打击，许多谣言可能就得不到发布。这种策略似乎更加有效，并且已有政客和记者开始接受培训，学习核实信息的必要性及如何去做。

即将诞生的第三代是实时信息内置检测，也就是说，一旦检测出虚假信息便将其替换为真实信息（而非辟谣），而且谷歌等搜索引擎会对变化进行实时反馈。

事实上，我们可以利用偏差来改进我们的处理方式，有效的做法是让用户警惕某些谣言（例如，一旦你知道某些报纸只发布假消息，你就会以怀疑的眼光看待该媒体的任何言论），或尝试宣传真相。意大利已经将八千多所试点中学纳入了检测假新闻的实验教育。在英国，英国广播公司（BBC）也在做类似的努力。这份努力是有希望的，但我们不知道是否足够。

总结

后真相、谣言的传播、假新闻……这些都不是新鲜事，唯一会随技术改变的是它们传播的速度及影响范围。以前，谣言必须通过人与人之间口口相传，因此受限于传播者旅行的距离和交谈的人数。如今，印刷技术使消息传递得更远，到达更多人手中，比如法国投石党的所作所为。互联网和社交网络也同样推动谣言和谎言传播更快，范围更广，但没有提高它们本身的说服力。作为人，我们的本质没有改变。

我们明白，这一切都归结于我们有一些特定的认知偏差。我们倾向于流连过往，因此觉得未来的一切都将走向覆灭，即便事实并非如此。我们对个人的悲剧感同身受，但对众生的痛苦置若罔闻，这种特质一方面能促进我们行善（帮助受苦的人），一方面又使我们易受谣言蛊惑。例如，仅仅因为报道里一个女孩有名有姓，我们就相信她通过大量服用橘子治好了癌症，而不存在数据表明橘子对治疗癌症有任何作用（实际上没有）。

一方面，我们大大高估了移民和少数宗教群体占全国人口的比重；另一方面，我们也容易迷失在某些社会进步的泡影中，并为此感到沾沾自喜。我们关心个人或群体层面对我们产生直接影响的事物，而且我们往往会因此变得很情绪化，容易被煽动。

在社交网络营造的环境中，我们的行为通过他人的点赞、分享、转发——通常不经核实——得到强化和激励。就视觉内容而言，我们几乎没有时间进行反思。此外，我们每天收到的推送太多，无法核实所有信息。事实查核和内容验证往往来得太晚。

几个世纪以来，谣言的作用机制没有发生变化：断章取义、煽动情绪的话语、强化视觉冲击、弱化文字描述。网络的诞生提高了其传播的速度并扩大了其覆盖的范围，使无过滤的信息传播随时随地发生在每个人身上。此外，信息渠道的经营者过分关注流量带来的利润，才不会在乎用户点开的是什么内容。

参考文献

[1] DUFFY B.The perils of perception：why we're wrong about nearly everything[M]. London：Atlantic Books，2018.

[2] ROBERTS D. Post-truth politics[EB/OL]. Grist. (2010-04-01).

[3] KREITNER R. Post-Truth and its consequences：what a 25-year-old essay tells us about the current moment[EB/OL].The Nation.(2016-11-30).

[4] FLOOD A. 'Post-truth' named word of the year by Oxford dictionaries[EB/OL]. The Guardian. (2016-11-15).

[5] MITCHELL T，THOMPSON L，PETERSON E，et al. Temporal adjustments in the evaluation of events：the "rosy view"[J].Journal of Experimental and Social Psychology，1997，33(4)：421-448.

[6] KRISTOF D N. Nicholas Kristof's advice for saving the world[EB/OL]. Outside. (2009-11-30).

[7] SMALL DA，VERROCHI NM. The face of need：facial emotion expression on charity advertisements[J]. Journal of Marketing Research，2009，46(6)：777-787.

[8] SMALL DA，Loewenstein G. helping a victim or helping

the victim: altruism and identifiabilty[J]. Journal of Risk and Uncertainty, 2003, 26: 5-16.

[9] POST SG. Altruism, happiness and health: it's good to be good[J]. International Journal of Behavioral Medicine, 2005, 12: 66-77.

[10] BLINDER S. Imagined immigration: the impact of different meanings of "immigrants" in public opinion and public debates in britain[J]. Political Studies, 2015, 63(1): 80-100.

[11] LEVITT SD, DUBNER S J. Freakonomics[M]. Barcelona: B de Bolsillo, 2007.

[12] JOYCE T. Did legalized abortion lower crime?[J/OL]. The Journal of Human, 2004, 39(1): 1-28.

[13] REYES J. The impact of childhood lead exposure on crime[J/OL]. The B. E. Journal of Economic Analysis & Policy, 2007, 7(1): 21-35.

[14] SUROWIECKI J. The wisdom of crowds: why the many are smarter than the few and how collective wisdom shapes business, economies, societies and nations[M]. New York: Little Brown, 2004.

[15] RAU J P, STIER S. Die Echokammer-Hypothese: Fragmentierung der Öffentlichkeit und politische Polarisierung durch digitale Medien? [J]. Zeitschrift für Vergleichende

Politikwis- senschaft, 2019, 13(3), 399–417.
[16] ROBERTSON RE, JIANG S, JOSEPH K, et al. Auditing partisan audience bias within google search[J].Proceedings of the ACM on Human-Computer Interaction, 2018, 2(CSCW): 1-22.
[17] EPSTEIN R, ROBERTSON RE. The search engine manipulation effect (seme) and it's possible impacts on the outcomes of elections[J]. Proceedings of the National Academy of Sciences of the United States of America, 2015, 112(33): 4512-4521.
[18] BODE L, VRAGA EK. In related news, that was wrong: the correction of misinformation through related stories functionality in social media[J]. Journal of Communication, 2015, 65(4): 619-638.

第六章

我们现在怎么办

首要原则是，
你不应该欺骗自己，
而自己又是最容易受骗的人。

——理查德·费曼（Richard Feynman），
物理学家、诺贝尔奖得主

我们描绘了一幅非常严峻的画面，对吗？本书的所有内容都让人忍不住猜测：我们终究无力反抗谣言的侵袭。所有人都好像合伙为谣言大行其道提供便利。那么，我们能做点什么？得益于科学工具的发明，人类社会才能够发展到现在的水平，而我们恰好可以借助科学手段克服谣言。事情远非你想象的那么糟。

正如我们之前的讨论，将错误全部归咎于单一原因是问题的开始。这一方面涉及我们如何思考及我们对固有信念的依赖程度；另一方面在于我们从媒体获得的信息有时可能具有欺骗性或本身不完整。现在的我们并不比几十年前更无知（也非相反）。正如达菲指出，如今的英国公众和 1950 年时一样，对犯罪数据一无所知，现在美国人对政治的了解也和 1940 年时相差无几。

事实上，我们有理由抱有希望。与表相相反，几十年来，公民对国家机构的信任度（至少对于达菲研究的欧洲机构）一直在上升，而不是下降。唯一严重损失公众信任的职业是牧师[1]，尽管政客和记者也在这方面一拼高下。重要的是，我们并没有生活在分崩离析的社会中，人们并未丧失对机构的信任，也未陷入动乱。

说真话还有用吗

一般来说，说真话并不会实质性地改变人们的政治立场，尽管存在各种各样的研究结果。一些统计[2]指出，四分之一的研究表明，真相对参与者会产生持久的影响。虽然这个比例并不高，但至少能证明有些人确实改变了他们的看法，因此传播正确信息并非毫无用处。同时，我们要能意识到这不是全部事实，因为大多数人受认知失调支配，不愿意改变观点。

如果你还记得第一章中我们引用了丹尼尔·卡尼曼的观点，即研究偏见并不能让你本身免疫。事实上，他在采访中的原话是："我研究这门学科已经四十五年了，但确实未取得丝毫进步。"

令人沮丧，对吧？你心里一沉。如果一个诺贝尔奖获得者——世界上最重要的思维谬误专家都无法进步，那么我们还有什么希望呢？

事实上这是一个小陷阱，我没有给你们展示完整的上下文。他的原话是积极乐观的：

DK[①]：我对《思考，快与慢》是否可以成为一本自助手册感到非常悲观。我从经验中得知：正如您所说，

---

① 丹尼尔·卡尼曼简写为DK。——译者注

我研究这门学科已经四十五年了，但确实未取得丝毫进步。事实上，研究开始于……我们（卡尼曼和特沃斯基）对自己错误直觉的分析。当时，我们以统计数据为基准，发现自己有些直觉与数据不一致，所以我们的研究目的在于，了解我们的直觉在哪里偏离了规则。再多的学习也无法影响系统一。

采访者：所以结论是，你无法训练系统一，但你可以锻炼系统二，以提高自己辨别直觉错误的能力？

DK：就是这样。也许你能识别出提醒你“哦，我可能犯了错误”的迹象，但这不常发生。那么最好的解决方式是，即时刹车，调动系统二[3]。

我想让你们注意一个问题。在本书引用的所有实验中，我们都强调了，并非每个人都会犯错。在阿希从众实验中，并非每个人都会为迎合群体意见改变了看法。在艾瑞里研究锚定效应设计的物价和社保号实验中，情况不算过分，也不是每个人都被行为偏差牵着鼻子走。在那个大猩猩的实验中，确实有一半的被测试者在篮球运动员中看到了大猩猩。没有任何一个实验的被测试者 100% 陷入圈套。实际上，许多被测试者证明，我们的多数错误发生在对数字和数量的估计上，而不一定是更深层次的东西。他们的例子还能解释，我们犯错可能是有规律的、一致的，但也不总是如此，因为不是所有人都一样。

减少自我欺骗的办法

解决办法还是存在的。比如，鲍比·达菲就提出了一些用来对抗错误认识及反驳奇葩意见的方式。

1. 情况没有你想的那么糟糕，过去不比现在好

我们要记住，我们会过分关注负面信息，总觉得乌托邦已经消散于昨日。我们倾向于夸大自己担忧的事情，反之亦然。这是正常的表现，但是当我们意识到这种倾向，并感觉这种偏见正在影响我们时，可以适当克制，之后再查找更多信息进行佐证。

2. 接受情绪，质疑观点

每次当你阅读一条新闻、收到一条来自社交平台的信息或听说某事时，请注意自己的情绪波动。如果你产生了强烈的情绪变化，最好停下来，冷静思考，因为很有可能你收到的是他人设计好的恶意消息。

3. 培养怀疑态度，但切忌愤世嫉俗

人们很容易走到另一个极端，认为一切都是谎言，无时无刻不在自我欺骗。媒体上充斥着极端言论，按照英国广播公司记者埃文·戴维斯（Evan Davis）的说法，媒体的座右铭似乎是简化和夸大。该记者还在他出版的一本有关后真相的书中描述到，媒体从业者为了向发行商和观众“推销”自己的成果，往往会夸大新闻的重要性。这种类型的夸大比真正的假新闻更常见。

在心理学家詹姆斯·彭内贝克（James Pennebaker）最著名的研究——记录情绪有助于改善情绪——中，他建议我们改变消费新闻的方式，减少对实时动态的关注，多看后续的深度报道。

4. 不是每个人的思考方式都与我们相同，但这并不意味着他们是怪物

正如前文的观点，我们犯错最常见的原因是以为自身是完全正确的，我们的想法和行为都符合人们思考和行动的标准。举个例子吧！比如，如果我们用脸书，我们会认为大家都用脸书。我们的错误不仅在于别人和我们不一样，还在于我们对自我的认识常常不准确。

5. 极端的就是罕见的

可得性启发式导致我们夸大或容易记住那些引人注意和极端的事件，因为日常生活中的大多数事物是平淡无奇的。如果发生了一件非比寻常的事，比如极其骇人的犯罪，这并不意味着犯罪率正在上升。

6. 与其争辩，不如讲故事

在与观点奇葩的人讨论并向他展示真实信息的时候，讲故事比列数据的效果更好。此外，以激烈、有攻击性的方式抛出信息会触发对方的认知失调，他会更执着于自己的观点。

迈克尔·谢尔默对这个问题阐述得不错。他认为，如果你遵循以下几个步骤，就有可能（“有可能”不是“一定”）改变别人的看法。

首先，讨论不是攻击。先假设对方的观点有效，不采取攻击，同时保留观点，尝试让对方主动解释自己观点中不一致的地方。“如果如你所说，那么为什么/怎么会……？”这样的问句能发挥完美作用。费斯廷格也指出，最好的消解偏见的方法是指出对方论证中出现的错误，并让他自我质疑。人们可以改变想法，尤其当他们认为是自己主动寻找新的解释的情况下。

其次，同理心非常重要。你要让对方感觉到，你能够理解他为什么会形成某个想法。此外，你可以利用一个有效论据：改变对一个问题的观点不等于改变对一切事物的看法（尽管长远来看可能是这种结果）。反疫苗者只是过分保护孩子，他们虽然错了，却出于一个崇高的理由，因此如果我们能表示理解，将大有帮助。

此外，奇普·希思和丹·希思在《行为设计学》中为我们提供了一些优秀范式。尽管这本书更侧重于决策管理，但大多数情况下，错误决定源于（本书中提到的一些）认知偏差[4]。我很推荐大家读一读《行为设计学》。

7. 二分法很可能是错误的

亨利·基辛格（Henry Kissinger）过去常常驱使尼克松（Nixon）总统做出特定选择。他把自己的意图和几个可怕的选项并列，使前者看起来是唯一可接受的方案。最有名的例子是，他让尼克松在核战争、继续现行政策、向俄罗斯投降中选择。

谣言往往内含二分机制，要么相信它，要么发生灾难。现实是复杂的，我们反倒应该怀疑简单的理论。

8. 找一个魔鬼代言人

在天主教会中，魔鬼代言人是一名牧师，是审核圣人资格委员会的成员。但他扮演着一个与其他成员不同的角色：寻找证据质疑封圣候选人的资格。教会似乎意识到了包容不同意见对消除确认偏差的积极作用。

奇怪的是，圣若望·保禄二世（Sanctus Ioannes Paulus PP. II）在1983年取缔了这项有四百年历史的传统。此后圣徒册封的速度比20世纪上半叶快了二十倍。

如果可能的话，找一个持相反观点并能反驳你的首要主张的人，以确保你不被确认偏差影响得冲昏头脑。

9. 要假设最好的，不要最坏的

认知疗法的创始人亚伦·贝克在他的夫妻治疗手册《夫妻相

处融洽》(*Sentirse bien en pareja que llama diario conyugal*)中介绍了一种技巧，即婚姻日记。它的目的是让处于婚姻危机中的伴侣克服确认偏差，记录伴侣身上的优点和他们的积极举动，减少对负面事物的关注。处于危机中的夫妇，通常会按照“实际上他对我一直不好”的话语修改记忆。如果你给你的伴侣贴上自私的标签，你会去寻找能验证这一印象的信息，也会修改记忆，使其与标签保持一致。

日记能帮助我们对抗确认偏差。与此同时，还有一个类似的技巧：总是询问自己某种情况或行为是否存在其他合理的解释，并试图假设别人的意图是好的。在婚姻危机的语境中，夫妻双方都倾向于把对方的行为归结为坏心眼（最经典的例子是“他这样做是为了上床”），但双方都可以尝试有意识地寻找积极原因，即使在对方犯错的时候，例如忘记某事，或不按要求做某事等。此外，如果你按照贝克的建议写日记，那么这种方法实践起来会更加容易。

在其他任何情况下都可以这么做：假设做出令人厌恶的事的人不一定有邪恶的意图，他能帮助我们找到问题的突破口。

希思兄弟说过：“我们的天性是，寻找和自我观点一致的信息，因此需要相当自律才能反其道而行之。”

10. 心理学是行为科学

我们永远无法摆脱自欺欺人，我们也无法做到百分之百理性，因为我们的感官能力是有限的，无法感知周围的一切。换言之，我们无法一心二用，情绪会改变我们的行为。有时，不可避免地，我们会主动相信谣言，会只着眼于我们想了解的信息，或者得出一个错误的结论，尽管它是非理性的，但不论放弃还是捍卫它，我们都将付出很大的代价。

有一个明确的证据表明，掌握科学的观点可以轻微减少我们掉入陷阱的概率。

你知道吗？我知道的最有害的错误观点之一是“心理学不是，也不可能是一门科学”。许多人认为，理解和掌握我们自身行为的由来是天方夜谭，所以我们习惯于将人类视为例外，不受其他普遍的生物行为法则的支配。除了存在这个玄学观点，心理学在现实生活中还存在一个障碍，即出现了大量以心理学为名的伪科学和毫无依据的实践，诸如精神分析等成功与心理学完全交织起来的理论，取代了大众认知中的传统心理学学科。我们这些心理学家往往不善于展示和捍卫自己的发现。每当我做完一次演讲或结束一门课程之后，时常有人走近对我说，我改变了他对心理学家的看法，之前他以为心理学是胡说八道。当然不是，它也是庞大科学谱系中的一支。

缺乏科学性的就不是心理学，而伪装的“心理学”极有可能是胡说八道。

与这种刻板印象作斗争，向大家展示心理学和行为科学的美丽和有趣之处，是我这些年来致力于科普的原因，也是让我写成这本书的原因。我希望你在阅读中收获快乐，汲取营养。这本书并没能涵盖所有我想说的内容，此外，有时我不得不简化一些概念，以便其理解起来更加容易（改天我再解释为什么“循序渐进”的术语是“渐次行为塑形”，以及如何从功能学角度分析认知失调）。如果我唤起了你对心理学的兴趣，哪怕只是一点，我也会感到高兴。

下次再见。

巴塞罗那

2020 年 1 月 30 日

参考文献

[1] DUFFY B. The Perils of perception：why we're wrong about nearly everything[M]. London：Atlantic Books，2018.

[2] NYHAN B，REIFLER J. When corrections fail：the persistence of political misperception[J]. Political Behavior，2010，32：303-330.

[3] LSE Public Lectures and Events. In conversation with daniel kahneman[EB/OL]. (2012-06-07).

[4] HEATH C，HEATH D. Decídete：cómo tomar las mejores decisiones en la vida y el trabajo[M]. Madrid：Gestión 2000，2013.

后记 例外的声音

用改编自何塞·蒙宗·纳瓦罗[①]的话来说就是，既然拉蒙开口了，现在我告诉诸位真相。

嫁给一位心理学家不是一件容易的事。如果是嫁给拉蒙，这件事会变成纷繁复杂的工作，而当你着手于这项工作时，你是看不到其他层面的。你们看，一位好的心理学家的工作日常是帮助咨询患者消除非理性的偏见。但是，当他们脱下白大褂后（你给别人讲这个梗，就会发现它有多好笑），还是会无可避免地把职业病带回家：与人辩论，试图瓦解他人的论据……遑论他自己也有各种偏见。

当然，大多数人或多或少都能看出邻居的问题在哪儿，尤其是在与自己的问题不同的时候。但是，试图在自己的逻辑中找出破绽要困难得多。冷静思考的时候，我们能意识到自己有偏见。而读了这本书以后，我们更知道从哪里开始寻找它们。是的，你们一定要让自己试一试。

我不会宣称书中解释的那些机制是人类恶的起源，但毫无疑问，这些机制帮助我们像犰狳一样武装观点，而且很多时候，会成为我们为一系列立场——客观来看都是错误、自私，甚至暴力

① 西班牙电视节目主持人，艺名 El Gran Wyoming。—— 译者注

的——辩护的捷径。当然我们会更多关注我们感兴趣的点。要知道，每个人都喜欢赢。一般而言，我确信——我经常看维京电影——没有什么比权力更能让我们兴奋。如果能在权力和性之间选择，大多数人都会选择权力；如果不选，就是希望鱼与熊掌兼得。近距离观察人性后你会发现，人类没有多崇高。

但让我们回到我家的日常情况，本书的作者和他卑微的仆人总是在礼貌地、建设性地探讨家务分工。比如，抚养孩子、各种家庭事务、假期安排、社交活动、促销活动……或者在试图说服对方，这就是婚姻关系的本质。心理学专业知识和临床经验不会因接触而传染，但毫无疑问，同居、交流意见和共享阅读确实会使某些策略、知识和观点转化为两人的共同点。在我家，“对话”是一项高风险运动，进入“对话”时必须清楚你在用生命做筹码。

从这一切经历中我得出了一系列结论，在这里完全无私地与诸位分享，为诸位节省部分我所经历的过程：

偏见、依赖启发式、不惜一切代价坚持自己的想法，是我们得以称之为人的原因。完全相反的情况下，我们就是瓦肯人，即纯粹地遵循逻辑的理性生物：没有偏见，不会固执己见，人与人之间共性更强，乏味，丰富性和复杂性降低，但也的确可能会更少犯错。

接受他人有偏见（承认被启发式操纵，对自己的观点病态执着），使我们成为更好的人。

直视自己的双眼，试图把偏见控制在合理范围内，能使我们更进一步，因为通常我们对自己身上的偏见视而不见，更谈不上接受它们。当我们的偏见被人指出时，我们有两个选择：

一个是否认它们。显然这是不正确的，它们不是你想找但找不到的手机。

一个是承认它们。尽管它们使我们反感，让我们难堪，但通过一点点纠正，我们可以逐渐减少偏见。

我想，所有人都希望人类变得更加理性，尽管我们往往已经自恃理性。如果你正在阅读这本书，也许我们可以假设，你希望每个人都依据数据、科学实证和证据来做决定（或者你买这本书是为了批评这本书。如果是这样，我想我们将在推特上见面，不过我在此声明一下，我对作者的不满仅限于这几行文字）。但是，坏消息是，无论现在还是可预见的未来，我们都摆脱不了偏见。

如果有人给我提供这样一个选择（成为完全理性的生物），我也不清楚自己是否会接受。

拉蒙可能也不想这样。

你们可以先排队，然后我再决定是否给你们这样的机会。当然，我希望你们更加理性，摆脱偏见，但这个前提是你们不同意我的观点。

每个人都会犯错。虽然这是极大的不和谐因素，但在较低的层面上，偏见推动我们开展辩论、对相同的问题产生不同的看法、寻求多样的解决方案。

当然，在更高的层面上，它是导致战争、种族灭绝、歧视或不公正的原因。

出于这个原因，我们必须与所有“错误”作斗争，因为群体性错误和未经仔细反思便坚持的自我正义，可能最终会招致真正的社会灾难。

事实证明，相信谣言（伪科学、虚假消息）是一个观点问题，每个人的情况都不一样。因此，在日常生活中，我们必须以自己的人际关系为基点，审视自我，以了解我们何时在表达意见和协商的过程中持不理性立场；坚持每天如此，能丰富我们的环境，更好地受理性指导（别忘了，主观性、阐释等总有其存在空间）。

虽然就我个人而言，最合适的开始是，理解他写书需要花费大量时间和精力，因此必然会损失在其他方面的投入。不过，我当然也不容易。不过现在书终于出版了，该轮到我丈夫洗碗了，我们又回到了从前的和谐关系。

维多利亚·苏比拉纳（Victòria Subirana）

2020年1月，巴塞罗那

致谢

完成一本书，尤其是一本科普类读物，会以各种形式牵涉到除作者以外的其他人，这远非一项孤独的工作。我对所有参与其中的人表示感谢，也向被我惊扰到的人表达歉意。

感谢凯拉斯出版社的伊尼戈·吉尔对我给予了极大信任，向我提议了本书的出版，也感谢他在我作为一个新手作家犯各种大大小小的错误时保持耐心。

感谢奥斯卡·韦尔塔斯（Óscar Huertas）和组织《解读科学》（*Desgranando Ciencia*）栏目的出色团队。我在该栏目的第五季发表了一场同名演讲。没有那次演讲，即使存在再多其他项目，这本书也不会存在。

非常感谢奥尔加·阿尤索（Olga Ayuso），感谢她在与一次驱动（One Drive）软件的缠斗中做出的细致且无可挑剔的编辑工作，以及贡献了很多想法。相信我，如果没有她的帮助，成品远达不到现在的水平。你很伟大。

感谢安娜·迪莉娅·帕雷霍（Ana Delia Parejo）和阿尔芭·索泰利诺（Alba Sotelino），她们百忙之中抽出时间阅读本书，提出意见，我照单采纳。

感谢安娜（Ane）、马克（Marc）、莫尼（Mòni）、赫玛（Gemma）、弗朗西斯科（Francesc）、大卫（David）、米雷娅

（Mireia）、帕蒂永（Patillón）和黛安娜（Diana），他们无数次忍耐我抱怨写书的艰难，还在我因为交稿时间迫近，坐在电脑前忍受煎熬的时候，一再推迟看比赛和聚会的时间。我们还要一起玩角色扮演。

感谢西班牙和世界各地所有为科学普及做出贡献的人们，感谢他们努力并坚持不懈地将科学之美带给大众，让我们的社会变得更加美好。这些是不计报酬的，在大多数情况下，也能从字面理解为：没有报酬。还要特别感谢几次邀请我出席活动的人，我感到很荣幸。

感谢伊格纳西奥·伊格莱西亚斯-坎法布拉（Ignàsi Iglesias-Can Fabra）图书馆，这是我居住的社区里的公共图书馆。我在里面阅读、写作，度过了很多时光，并找到了大量参考文献。公共图书馆是必不可少的宝藏。

还得感谢咖啡。适当饮用它，可以加快做事速度，振奋精神。虽然我没有证据，但毫无疑问，很少有物质能对科学普及工作起到如此大的帮助。

图书在版编目（CIP）数据

为什么我们相信阴谋论 /（西）拉蒙·诺格拉斯著；王琪译．-- 南京：江苏凤凰文艺出版社，2024.2
ISBN 978-7-5594-7947-1

Ⅰ．①为… Ⅱ．①拉… ②王… Ⅲ．①心理学 - 通俗读物 Ⅳ．① B84-49

中国国家版本馆 CIP 数据核字 (2023) 第 161683 号

为什么我们相信阴谋论

（西）拉蒙·诺格拉斯 著；王琪 译

选题策划　刘思懿
责任编辑　王昕宁
特约编辑　刘思懿
责任印制　江苏凤凰文艺出版社
出版发行　南京市中央路 165 号，邮编：210009
网　　址　http://www.jswenyi.com
印　　刷　三河市嘉科万达彩色印刷有限公司
开　　本　880 毫米 ×1230 毫米 1/32
印　　张　8.75
字　　数　160 千字
版　　次　2024 年 2 月第 1 版
印　　次　2024 年 2 月第 1 次印刷
书　　号　ISBN 978-7-5594-7947-1
定　　价　49.80 元